세계지리를 보다

세계지리를 보다 3

1판 1쇄 발행 2012년 7월 30일
1판 11쇄 발행 2022년 3월 16일

지은이 박찬영, 엄정훈 **펴낸이** 박찬영 **편집** 안주영, 황민지, 박일귀, 임채혁
그림 문수민, 김우리 **마케팅** 조병훈, 박민규, 최진주 **디자인** 이재호, 이은정
발행처 (주)리베르스쿨 **주소** 서울특별시 성동구 왕십리로 58 서울숲포휴 11층
등록번호 제2013-16호 **전화** 02-790-0587, 0588 **팩스** 02-790-0589 **홈페이지** www.liber.site
커뮤니티 blog.naver.com/liber_book(블로그), www.facebook.com/liberschool(페이스북)
e-mail skyblue7410@hanmail.net **ISBN** 978-89-6582-042-0(세트), 978-89-6582-045-1(14980)
ⓒpcy, 2012

리베르(Liber 전원의 신)는 자유와 지성을 상징합니다.

세계지리를 보다

3

아메리카
아프리카
오세아니아

머리말

　『세계지리를 보다』는 여행자의 눈으로 바라본 세계 지리 책입니다. 세계의 다양한 자연환경과 그 속에서 살아가는 사람들의 모습이 이 책 속에 파노라마처럼 펼쳐져 있습니다. 이는 지도와 사진 속으로 빠져들게 해 마치 직접 체험하는 듯한 느낌이 들게 합니다.

　어렸을 때는 세계 지리를 세계의 기후와 지형, 농업, 공업, 지하자원 등과 관련된 지명 및 통계 자료, 그래프 등을 분석하고 암기하는 과목이라고 생각했습니다. 시험을 위해서 특정 도시와 국가의 지형, 기온과 강수량, 원자력과 석유 소비 비중 등을 파악해야 했습니다. 그게 세계 지리의 전부라고 생각했습니다.

　하지만 그게 전부가 아니었습니다. 특정 지역의 지형과 기후는 그 지역에서 살아가는 사람들의 생활 양식에 영향을 크게 미친다는 점과 더불어 해당 지역의 산업 활동과도 연관성이 깊다는 점을 놓치고 있었던 것입니다. 맥락을 이해하고 나니 "아, 그래서 이런 거구나!"라는 말이 저절로 나왔습니다. 그 지역에 대해 더 알아보고 싶은 흥미 또한 저절로 일어났습니다.

　세계 지리는, 세계를 상대로 꿈을 펼치고자 하는 사람은 물론 지구촌 일원으로 살아가는 우리 모두에게 반드시 필요한 과목입니다. 오히려 세계 지리는 세상을 살아가는 데 필요한 상식에 가깝습니다. 지리는 우리 주변이나 우리가 부딪혀야 할 곳에 관한 이야기이자 그곳에 사는 사람들을 잘 이해할 수 있게 도와주는 이야기이기 때문입니다. 『세계지리를 보다』는 이

런 생각에서 출발했습니다. 단순 암기가 아닌 세계에 대한 이해와 존중을 바탕으로 우리가 더불어 살아야 하는 지구촌을 보여 주고 싶었습니다. 우리가 밟고 있는 아름다운 땅 지구와 그 위에서 사는 사람들에 대해 생생하게 이야기하고 싶었습니다.

오랫동안 세계 여러 나라에 직접 가 보았습니다. 여행하면서 아름답고 재미있는 것과 우리가 살아가는 데 필요한 것 등을 유심히 살펴보았습니다. 이 과정에서 지구촌처럼 흥미진진한 곳이 없다는 사실을 깨달았습니다. 이 깨달음을 혼자 간직하고 있기에는 너무 아까워 지구촌 이야기를 담은 책을 만들어 보겠다고 생각했고, 여러 차례의 세계 답사 여행에서 경험한 세계 지리의 현장을 이 책 속에 담게 된 것입니다.

『세계지리를 보다』는 세계 곳곳의 현장에서 직접 보고, 듣고, 만지고 있는 듯한 느낌이 들 수 있도록 생생한 이야기와 사진, 지도와 그림으로 구성되어 있습니다. 이 책을 읽고 나면, 세상을 다 돌아보고도 열쇠고리 외에는 남는 게 아무것도 없는 여행자와는 달리 세계 여러 지역의 지리, 문화, 역사를 속속들이 이해하는 것은 물론이고 세계를 꿰뚫어 볼 수 있는 안목까지 기를 수 있을 것입니다.

지은이 씀

차례

머리말   4

6장 영토의 확장으로 이루어진 미국과 캐나다

1 우리는 앵글로아메리카! | 미국, 캐나다   14
- 세계에서 가장 큰 식량 창고 • 자원과 공업의 하모니

생각해 보세요 실리콘 밸리가 첨단 산업의 대명사가 된 이유는 무엇일까요?

2 13의 연합과 늪지에 세운 도시 | 워싱턴에서 필라델피아까지   24
- 헝겊 나라의 성조기 아저씨 • 13개의 줄과 50개의 별 • 세상에서 가장 흔한 지명, 워싱턴
- 워싱턴 최고의 건축물, 국회 의사당 • 백악관과 링컨 기념관 • 아나폴리스와 볼티모어
- 피츠버그와 필라델피아

생각해 보세요 '아메리카'는 왜 처음 발견한 사람의 이름을 붙이지 않았을까요?

3 엠파이어 스테이트와 양키의 땅 | 뉴욕, 뉴잉글랜드   46
- 하늘로 향한 도시, 뉴욕 • 작은 고추가 맵다, 뉴잉글랜드

생각해 보세요 세계에서 가장 유명한 대학들을 '아이비리그'라고 부르는 이유가 무엇일까요?

4 다섯 개의 큰 웅덩이 | 오대호   64
- 천둥의 소리, 나이아가라 • 다섯 개의 호수 • 햄버거를 덜 먹으면 지구가 살아난다?

생각해 보세요 육류 소비량이 증가함에 따라 식량 문제가 심각해지는 이유는 무엇일까요?

5 물의 아버지와 꽃의 땅 | 미시시피 강, 플로리다 … 78
• 미국 최대의 강, 미시시피 강 • 미시시피 강이 지나는 도시들 • 겨울철 휴양지, 플로리다
• 동물 뼈와 껍데기로 만들어진 땅 • 세계에서 가장 큰 석회 동굴
생각해 보세요 미시시피 강은 미국의 발전에 어떤 역할을 했을까요?

6 역마차야 달려라 | 콜로라도 주, 애리조나 주, 유타 주 … 90
• 금과 은 사냥에 나서다 • 검은 황금도 찾다 • '신들의 정원'을 품은 로키 산맥
• 거대한 신의 협곡, 그랜드 캐니언
• '작은 바다'가 있는 유타 주 • 세계 최초의 국립 공원, 옐로스톤
생각해 보세요 모르몬교도가 다수인 유타 주는 어떤 특징이 있을까요?

7 동화 속 나라 같은 곳 | 캘리포니아, 알래스카, 하와이 … 112
• 제일가는 것이 많은 캘리포니아 • 일 년에 400일이 맑은 곳, 로스앤젤레스
• 언덕 위의 도시, 샌프란시스코 • 720만 달러에 구입한 알래스카
• 외톨이 섬들의 모임, 하와이 제도
생각해 보세요 하와이가 파도타기로 유명한 이유는 무엇일까요?

8 담장 없는 이웃 | 캐나다 … 136
• 캐나다 속의 프랑스, 퀘벡 • 캐나다의 빅 벤

• 나무의 나라, 얼음의 나라

생각해 보세요 어떻게 아메리카에 몽골 인종이 살게 되었을까요?

7장 보존과 개발의 딜레마, 라틴 아메리카

1 고산에서 피어난 꽃 | 인디오 문화　　　　　　　　150

• 유럽이 라틴 아메리카를 뒤섞다　• 플랜테이션 농장에 맺힌 눈물

• 자원 개발과 환경 문제의 딜레마

생각해 보세요 라틴 아메리카에 남아 있는 아프리카 문화에는 어떤 것이 있을까요?

2 전쟁 신의 나라 | 멕시코, 중앙아메리카　　　　　　　158

• 멕시코와 뉴멕시코　• 라틴 아메리카의 주인공, 메스티소

• 덥지도 춥지도 않은 멕시코시티　• 가깝지만 먼 곳, 대서양과 태평양

• 대서양과 태평양을 연결한 파나마 운하　• 열대 지역에서 피어난 마야 문명

생각해 보세요 앵글로아메리카보다 라틴 아메리카에 혼혈이 많은 이유는 무엇일까요?

3 해적의 바다 | 카리브 해　　　　　　　　　　　172

• 해적 대신 휴양객이 붐비는 카리브 해　• 버뮤다 삼각 지대의 미스터리

• 카리브 해의 검은 진주, 쿠바　• 콜럼버스가 잠들어 있는 아이티 섬

생각해 보세요 쿠바와 아이티를 비롯한 카리브 해의 섬에 흑인들이 사는 이유는 무엇일까요?

4 엘도라도를 찾아서 | 남아메리카 북서 해안의 국가들　　182

• 엘도라도의 땅과 작은 베네치아 • 적도의 나라, 에콰도르 • 마추픽추의 나라, 페루

• 아기 예수의 경고, 엘니뇨 • 독립운동가의 이름을 딴 볼리비아

생각해 보세요　바다가 없는 볼리비아에 왜 해군이 있을까요?

5 커피와 축제의 나라 | 브라질　　200

• 세계 최대의 아마존 강 • 탐욕이 아마존을 먹어 치우고 있다

• 고무와 커피가 들려주는 이야기 • 축제의 도시, 리우데자네이루

생각해 보세요　라틴 아메리카에서 왜 브라질만 포르투갈 어를 사용할까요?

6 은의 나라와 길쭉한 나라 | 남아메리카 남부 국가들　　214

• 육류의 나라, 아르헨티나 • 우리나라에서 가장 먼 나라, 우루과이

• 길쭉한 나라, 칠레 • 남아메리카의 남단, 마젤란 해협

생각해 보세요　아타카마 사막이 세계에서 가장 건조한 이유는 무엇일까요?

8장 끊임없는 갈등의 현장, 아프리카

1 열강들이 갈라놓은 메마른 대륙 | 유럽의 식민 지배와 사막화　　230

• '순수의 땅'에 지울 수 없는 상처를 긋다

• 이동식 화전 농업이 열대림을 파괴하다 • 사하라 남부에 불어닥친 모래바람

생각해 보세요　최근 아프리카에서 발생하고 있는 분쟁은 어떤 것이 있을까요?

2 인간이 만든 산 | 이집트   238

- 피라미드와 스핑크스 • 이집트는 나일 강의 선물
- 문명이 문명을 삼키다 • 알렉산드리아와 카이로

생각해 보세요 이집트 사람들에게 나일 강은 어떤 의미일까요?

3 아프리카의 지중해 국가들 | 리비아, 튀니지, 모로코   260

- 리비아의 대수로 공사 • 카르타고의 영광이 서린 튀니지
- 모로코의 고도 페스에서 노새를 타다
- 세계에서 가장 큰 사막, 사하라 사막

생각해 보세요 사하라 사막의 지하수는 어디서 온 것일까요?

4 "혹시 리빙스턴 씨 아니세요?" | 중부 아프리카   272

- 에티오피아와 주변국들 • 사막의 항구, 말리의 팀북투
- 아프리카 최초의 공화국, 라이베리아 • 리빙스턴 씨 아니세요?

생각해 보세요 에티오피아가 원산지인 커피는 어떻게 세계로 전파되었을까요?

5 동물들의 천국과 금의 나라 | 케냐, 탄자니아, 남아프리카 공화국   286

- 사바나 기후가 만든 자연공원
- 금과 다이아몬드의 나라, 남아프리카 공화국
- 희망을 안고 있는 케이프타운

생각해 보세요 아파르트헤이트는 어떤 정책일까요?

 ## 9장 자연이 살아 숨 쉬는 곳, 오세아니아

1 양들의 천국 | 오스트레일리아   308

- 동부 산지, 중앙 평원, 서부 고원 • 낙원이 된 유배지
- 목양과 목우, 토끼의 나라 • 어부지리로 수도가 된 캔버라

생각해 보세요 오스트레일리아는 땅 밑에 있는 지하수를 어떻게 활용하고 있을까요?

2 지구 최고의 낙원과 극지방 | 뉴질랜드, 태평양, 남극, 북극   322

- 세상에서 가장 건강한 나라, 뉴질랜드 • 식인종이 살았던 섬들
- 닮은 듯 다른 북극과 남극 • 서로 만날 수 없는 북극곰과 펭귄

생각해 보세요 얼음집인 이글루는 어떻게 난방을 할까요?

'세계지리를 보다' 전 3권

〈1권〉 1장 세계의 자연환경과 인문 환경 | 2장 우리나라의 주변 국가들 | 3장 개발에 활기를 띠는 동남 및 남부 아시아

〈2권〉 4장 유럽 연합으로 우뚝 선 유럽 | 5장 메소포타미아 문명의 땅, 서남아시아

〈3권〉 6장 영토의 확장으로 이루어진 미국과 캐나다 | 7장 보존과 개발의 딜레마, 라틴 아메리카 | 8장 끊임없는 갈등의 현장, 아프리카 | 9장 자연이 살아 숨 쉬는 곳, 오세아니아

6 영토의 확장으로 이루어진 미국과 캐나다

여러분은 미국과 캐나다 하면 무엇이 먼저 떠오르나요? 넓은 국토나 풍부한 자원, 또는 많은 인구나 경제 선진국 등이 떠오를 거예요.

1492년에 콜럼버스가 신대륙을 발견한 후, 이곳에는 영국, 프랑스, 스페인 등 유럽 각국에서 많은 사람이 구름처럼 몰려들기 시작했어요. 식민지 건설, 원주민들과의 무역, 신대륙 탐험 등 이유도 제각각이었지요.

영국은 오늘날의 미국 동부를 식민지로 통치했던 나라예요. 영국인들은 아프리카 흑인 노예들의 노동력을 이용해 목화와 담배 등을 재배해서 자기네 나라에 팔았답니다. 미국은 1776년 7월 4일에 독립을 선언하고 남북 전쟁과 제1차 세계 대전을 거치면서 농업 국가에서 공업 국가로 발돋움했어요.

프랑스와 영국은 캐나다를 놓고 한바탕 전쟁을 벌였습니다. 이 전쟁에서 영국이 승리함에 따라 캐나다는 자연스레 영국의 식민지가 되었지요. 영국은 미국이 독립한 후, 캐나다에 흩어져 있는 여러 식민지에 자치권을 주어 통치했는데, 이들이 합쳐져서 오늘날의 광대한 캐나다가 되었어요. 캐나다는 풍부한 자원을 바탕으로 통신과 서비스업에서 새로운 강국으로 떠오르고 있답니다.

북극해
그린란드
알래스카
유콘 준주
노스웨스트 준주
누나부트 준주
래브라도 해
캐나다
허드슨 만
브리티시 콜럼비아
뉴펀들랜드
앨버타
서스캐처원
매니토바
온타리오
퀘벡
뉴브런즈윅
태평양
워싱턴
몬태나
노스다코타
미네소타
버몬트
메인
뉴햄프셔
오리건
아이다호
사우스다코타
위스콘신
뉴욕
매사추세츠
와이오밍
미시간
펜실베이니아
코네티컷
로드아일랜드
네바다
미국
네브래스카
아이오와
인디애나
오하이오
메릴랜드
델라웨어
뉴저지
일리노이
웨스트
버지니아
버지니아
캘리포니아
유타
콜로라도
캔자스
미주리
켄터키
애리조나
뉴멕시코
오클라호마
아칸소
테네시
노스캐롤라이나
사우스캐롤라이나
미시시피
조지아
앨라배마
텍사스
루이지애나
플로리다
대서양
멕시코
멕시코 만

1 우리는 앵글로아메리카! |
미국, 캐나다

미국과 캐나다에 사는 원주민은 소수에 불과해요. 세계 각국에서 온 사람들과 그 후손들이 바글거리며 살고 있지요. 현재 앵글로아메리카는 '인종의 전시장'이라고 불릴 만큼 다양한 국가의 이민자들로 구성되어 그만큼 다채로운 문화가 나타납니다. 특히 초기에 영국에서 건너온 사람들의 영향을 많이 받았지요. 미국과 캐나다는 앵글로색슨 족이 지배했기 때문에 역사·문화적으로 공통된 문화가 많아요. 앵글로아메리카는 동부의 낮은 산지와 서부의 높은 산지 사이에 넓은 중앙 평원이 있고, 기후도 다양하게 나타나지요.

- 미국과 캐나다는 넓은 평원과 비옥한 농토, 풍부한 지하수 등의 자연조건과 넓은 소비 시장, 풍부한 자본 등의 인문 조건을 두루 갖추고 있어 농업에 유리하다.
- 미국과 캐나다는 지질 구조가 다양해 석유, 천연가스, 석탄, 철광석 등 지하자원이 풍부하다.
- 미국 중서부 지역은 여름에는 기온이 높고 겨울에는 기온이 낮아 연교차가 크게 나타나는 대륙성 기후 지역이다.

세계에서 가장 큰 식량 창고

미국과 캐나다는 농업에 유리한 자연조건과 인문 조건을 모두 갖추고 있습니다. 농업에 유리한 자연조건은 무엇일까요? 바로 넓은 평원과 비옥한 농토, 풍부한 지하수, 그리고 다양한 작물을 재배할 수 있는 기후 등이랍니다. 여기에 풍부한 자본과 기계화, 발달한 교통망과 넓은 소비 시장 등의 인문 조건도 농업이 발달하는 데 큰 몫을 하고 있지요.

미국과 캐나다는 국토는 넓지만 농업 인구는 상대적으로 적은 편입니다. 미국은 1980년대에 약 3.4%였던 농민의 비율이 1990년대 말에는 약 2%로 떨어졌어요. 그 대신 농가당 경지 면적은 매우 넓습니다. 우리나라 농가의 평균 경영 규모는 일반 농업인이 1.46ha(1ha

미국의 농업 지역

미국은 평원이 넓고 농토가 비옥하다. 또 지하수가 풍부하고 기후 조건이 좋아 농업에 유리하다.

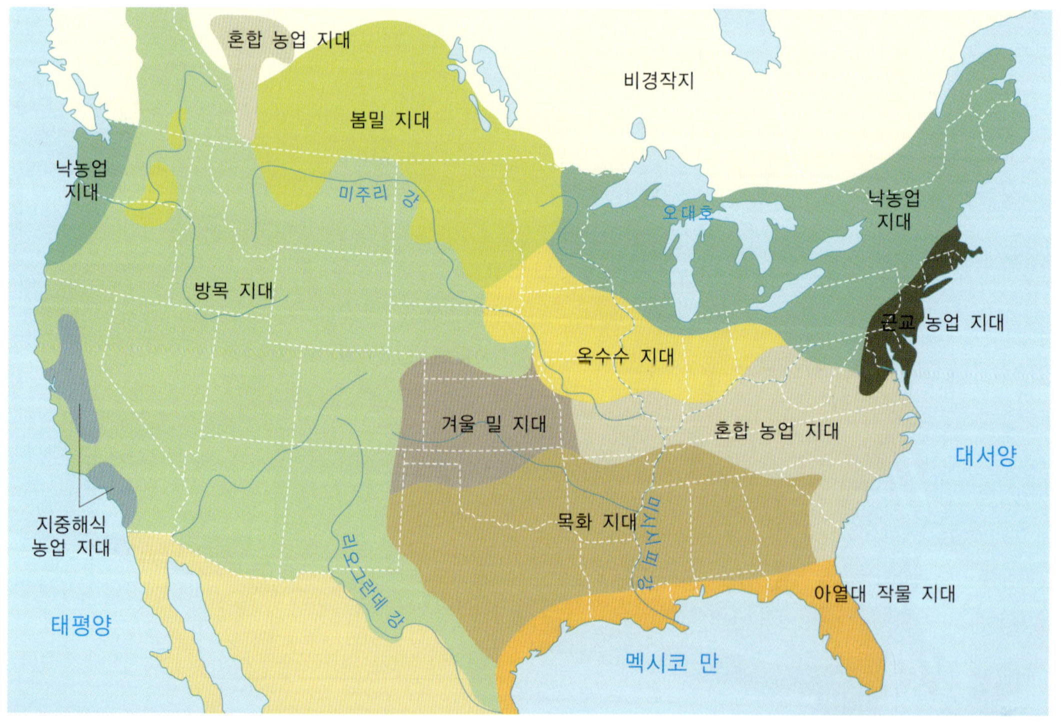

는 1만m²), 쌀 전업농이 5.4ha 정도예요. 하지만 미국의 경우에는 400ha 이상을 소유한 농가가 전체의 절반 이상으로 영농의 규모가 매우 크지요. 농가와 농업 인구는 줄어드는 추세지만 기계화 때문에 농가당 경지 면적은 계속 늘어나고 있답니다.

미국은 덩치가 크다 보니 농업 지역도 여러 개로 나누어져 있어요. 산업 혁명의 중심지라 할 수 있는 오대호 주변은 기후가 서늘하고 토양이 기름지지 못해서 농사짓기에는 적합하지 않습니다. 그래서 이곳에는 목초를 심어 젖소를 기르는 낙농업이 발달했어요. 미국에서 도시가 가장 많은 뉴잉글랜드 지방은 넓은 소비 시장을 배경으로 원예 농업이 발달했지요.

미국의 중서부 지역은 대륙성 기후가 나타나는 곳이에요. 대륙성

기후는 말 그대로 대륙의 성질을 나타내는 기후입니다. 즉 여름에는 기온이 높고 겨울에는 기온이 낮아 연교차가 크게 나타나는 기후지요. 그래서 이곳은 옥수수와 콩이 대규모로 재배되는 옥수수 지대를 이루고 있어요. 이곳에서 생산되는 옥수수와 콩은 주로 가축의 사료로 쓰이지요.

이제 미국의 남부 지방으로 가 볼까요? 미시시피 강 하류 유역과 텍사스 주가 중심인 이곳에는 세계 제1의 목화 지대가 형성되어 있습니다. 개발 초기에는 대규모의 목화 재배를 위해 흑인들이 강제로 이곳에 끌려왔어요. 그래서 전통적으로 흑인이 많이 사는 지역이 되었지요. 현재 이곳에서 생산되는 목화는 세계 각지로 수출되고 있어요. 프레리(prairie)는 로키 산맥 동부에서 미시시피 강 유역 중부에 이르는 넓은 초원입니다. 이곳은 건조하고 비옥한 흑토가 분포해 엄청난 생산량을 자랑하는 밀 재배가 이루어지지요. 관개 시설이 확충되고 품종이 개량됨에 따라 밀 재배 지역은 북서 지역까지 확대되고 있어요. 씨 뿌리기나 수확은 이를 전문으로 하는 기업이 맡아서 하기도 한답니다.

앵글로아메리카 대륙의 서쪽은 건조 지역이에요. 이 중 서부 대평원에서 로키 산맥에 이르는 곳에서는 대규모로 가축을 놓아기르는 기업적 방목이 이루어지고 있습니다. 미국의 목축은 여러 지역이 상호 유기적으로 관계를 맺고 있어요. 서부 대평원 지대에서 이동해 온 소는 옥수수 지대에서 살이 피둥피둥 쪄서 동부의 육류 시장으로 공급되지요.

미국과 캐나다는 넓은 토지와 기계화된 농업으로 엄청난 양의 농산물을 생산하고 있어요. 그러다 보니 자국에서 소비하고도 남는 생산물은 외국으로 수출하고 있지요. 미국은 세계 곡물 수출의 절반 가까이를 차지하고 있고, 캐나다 역시 곡물 수출에서 뒤지지 않는 나라랍니다.

미국의 프레리
프레리는 프랑스 어로 '목장'을 의미한다. 로키 산맥 동부에서 미시시피 강 유역 중부에 이르는 온대 내륙에 넓게 발달한 초원이다.

자원과 공업의 하모니

미국과 캐나다는 지질 구조가 다양하게 발달해 있어 많은 자원이 땅 속에 묻혀 있습니다. 대표적인 자원으로는 석유, 천연가스, 석탄, 철광석 등을 꼽을 수 있어요. 이 중 애팔래치아 산지와 중부에서 많이 나는 석탄은 산업 혁명기에는 중요한 자원이었지만 최근에는 고갈 문제와 환경 오염 때문에 사용에 많은 제약을 받고 있지요. 석유는 텍사스 주가 중심 생산지지만 최근에는 알래스카 유전이 이름을 떨치고 있어요. 미국은 한때 세계 제1위의 석유 산출국이었지만 소비량도 많아 값싼 외국 원유를 대량으로 수입해서 쓰고 있습니다. 철광석은 양질의 철광석이 묻혀 있는 메사비 철광산 등 오대호 서부 지역이 세계적이에요. 메사비 철광산은 지표면에서 바로 철광석을

미국의 자원과 공업

미국에서는 1800년대까지는 경공업이, 제1차 세계 대전 이후로는 중공업이 발달했다. 선벨트 지대로 공업 지역이 이동한 건 제2차 세계 대전 이후다.

캐낼 수 있어 채굴에 유리하답니다. 하지만 철광석 역시 거의 바닥이 나서 외국에서 수입하고 있지요.

그렇다면 캐나다에는 어떤 자원이 풍부할까요? 캐나다는 석유류를 비롯해 철, 니켈, 우라늄, 금 등의 자원이 풍부해요. 이 중 석유는 대부분 서부에서 생산되지요. 원유, 철광석, 니켈 등은 주로 외국으로 수출하는데 특히 철광석은 미국으로 많이 들어간답니다.

미국의 공업은 1800년대까지는 경공업이 발전하다가 제1차 세계 대전을 계기로 중공업이 발달했어요. 제2차 세계 대전 이후에는 북동부 지역의 스노우 벨트 지역은 점차 쇠퇴하고, 남부 및 남서부의 선벨트 지대로 공업 지역이 이동했지요. 선벨트 지대란 캘리포니아, 애리조나, 텍사스 등 북위 37° 이남에 걸쳐 있는 지역을 가리키는 말입니다. 이 지역은 온화한 기후, 세금 혜택 정책, 교통과 통신의 발달 등 유리한 조건을 갖추고 있어서 첨단 기술 산업이 발달했어요. 그뿐만 아니라 석유, 군사, 레저, 전자 등의 산업이 북부에서 이곳으로 이동하고 있지요.

20세기 중반이 되자 미국은 세계 제1의 공업국이 되었어요. 풍부한 자원과 자본, 뛰어난 기술력, 교통수단의 발달, 넓은 소비 시장

알래스카 석유 파이프라인
미국은 알래스카에서 생산된 원유를 대량으로 수송하기 위해 이 지역에서 태평양 연안에 이르는 파이프라인을 개통했다.

등이 밑바탕이 되었지요. 하지만 1970년대 이후부터는 자동차, 섬유, 철강 등의 공업이 점차 쇠퇴하고, 전자·컴퓨터 관련 첨단 산업이 발달하면서 실리콘 밸리가 형성되기 시작했어요. 실리콘 밸리는 20세기 초반에는 '기쁨의 계곡'이라고 불리는 과수원 단지였지만, 온난하면서 건조한 기후와 통신 수단의 발달 등으로 첨단 기술 산업의 중심지로 부상했답니다.

하지만 미국의 공업은 임금 상승이나 자원의 해외 의존율 증가 등으로 경쟁력이 떨어지고 있어요. 또한, 다국적 기업이 증가하면서 국내 기업이 위축되고 실업 문제나 환경 오염 문제가 발생하는 등 해결해야 할 많은 과제를 안고 있지요.

캐나다의 주요 공업은 미국 북동부 공업 지대와 연결되는 남동부에 주로 집중되어 있어요. 특히 동부 지방을 중심으로 알루미늄, 제지, 자동차 공업 등이 발달했지요. 최근에는 정보 통신, 컴퓨터 소프트웨어 분야에서 놀라운 성장을 보이고 있답니다.

실리콘 밸리가 첨단 산업의 대명사가 된 이유는 무엇일까요?

'실리콘 밸리'라는 명칭은 1971년 돈 해플러라는 사람이 신문에 「실리콘 밸리 USA」라는 글을 기고한 데에서 처음 유래되었어요. 세계적인 첨단 산업체가 몰려들고 있던 새너제이에서 샌프란시스코에 이르는 지역의 땅 모양이 완만한 계곡을 이루고 있는 것에서 '밸리(valley)'라는 이름이 붙었고요. 첨단 산업의 핵심인 반도체 칩의 원료가 실리콘이기 때문에 만들어진 지명입니다. 이 지역은 일 년 중 맑은 날이 많아 습기가 적기 때문에 전자 산업이 발달하기에 유리한 기후 조건을 갖추고 있어요. 그리고 가까운 곳에 스탠퍼드 · 버클리 · 산타클라라 등의 명문 대학이 있어서 우수한 연구 인력을 확보하기에도 좋지요. 또 캘리포니아 주 정부가 첨단 산업과 관련된 회사들을 유치하기 위해 세금을 깎아 주는 등 혜택을 많이 줘서 세계적인 반도체 회사들이 한곳에 모일 수 있었어요. 이 회사들은 서로 최신 정보를 교환하면서 경쟁할 수 있었지요. 이러한 이유로 세계를 대표하는 첨단 산업의 중심지가 탄생하게 되었습니다. 그래서 첨단 산업이 발달한 곳을 부를 때 '○○의 실리콘 밸리'라는 말을 자주 써요. 예를 들면 '우리나라의 실리콘 밸리는 서울디지털산업단지다.' 이런 식이지요.

실리콘 밸리의 심장부인 산호세(San José)

2 13의 연합과 늪지에 세운 도시 |
워싱턴에서 필라델피아까지

세상에는 자기 이름을 딴 병원이나 도서관, 박물관을 짓고 싶어서 수백만 달러를 내놓는 사람도 있어요. 그런데 돈을 낸 것도 아니고 딱히 업적을 세운 것도 아니며 아무런 자격도 없고 심지어 본인이 요구한 적이 없는데도, 북아메리카와 남아메리카에 자신의 이름이 붙은 사람이 있답니다. 이탈리아의 탐험가였던 그는 역사적으로 중요한 인물도 아니고 유명하지도 않은 아메리고 베스푸치라는 사람이에요. 그런데도 그의 이름을 따서 두 대륙을 '아메리카'라고 부르지요.

- 미국은 1800년대부터 영토 확장에 주력해 1867년에는 알래스카, 1898년에는 하와이를 편입했다.
- 미국의 수도이자 유일한 자치 구역인 워싱턴 D. C.는 1790년에 메릴랜드 주와 버지니아 주로부터 일부 토지를 제공받아 세워졌다.
- 양원제의 미국 의회는 주 정부를 대표하는 상원과 주민을 대표하는 하원으로 구분한다.
- 펜실베이니아 서부에 있는 피츠버그는 한때 미국 최고의 철강업 도시였다. 지금은 첨단 산업과 기업 본사 등을 받아들여 재도약하고 있다.

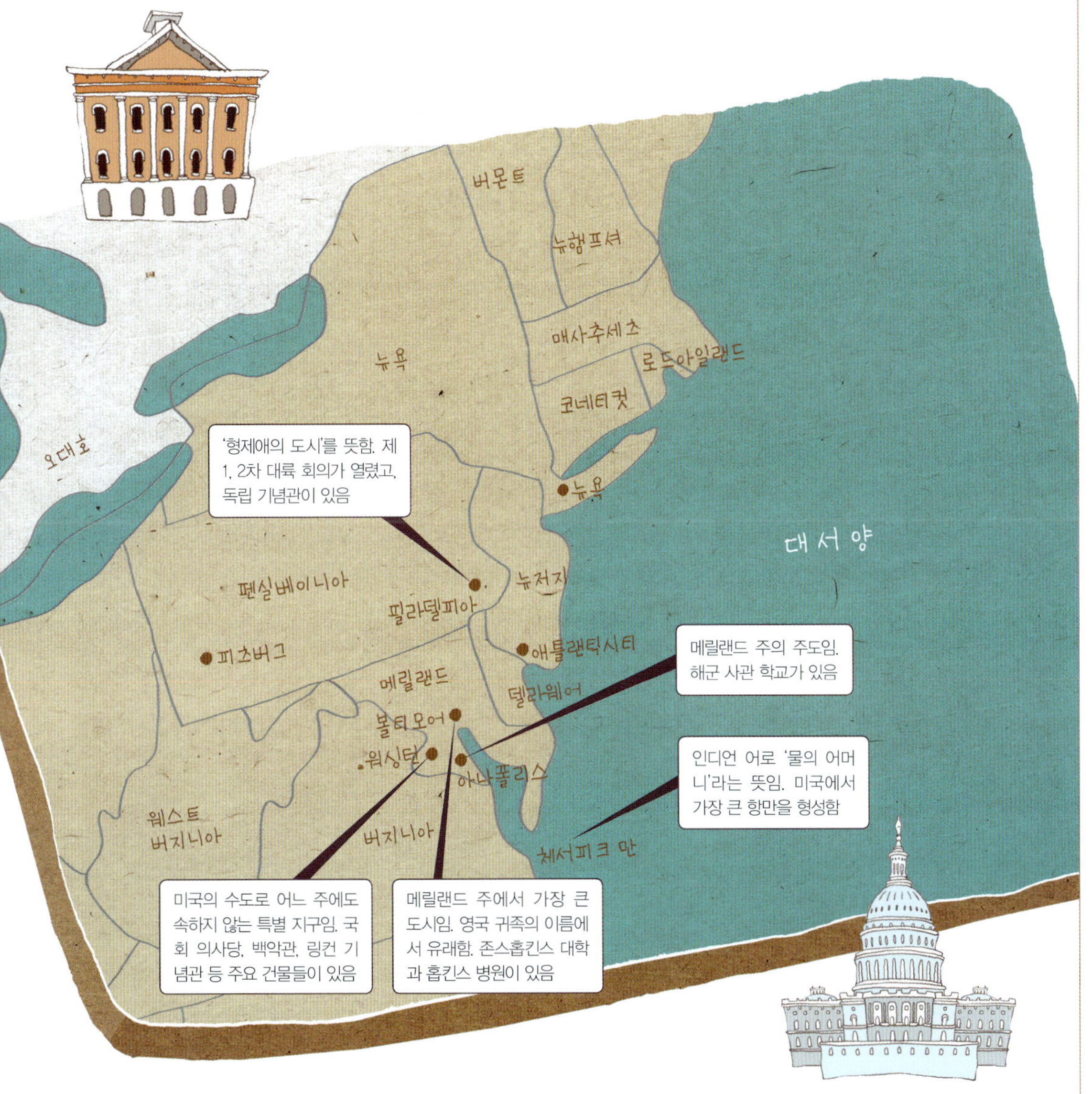

헝겊 나라의 성조기 아저씨

미국 동전을 살펴보면 미합중국을 뜻하는 '유나이티드 스테이츠 오브 아메리카(United States of America)'라는 글자가 있어요. 이는 미국의 공식 이름이지만 길어서 '유나이티드 스테이츠'라고 부르거나 '아메리카'라고 하거나 아니면 첫 글자만 따서 'U. S. A.'라고 부릅니다.

여러분은 혹시 성조기로 만든 것 같은 양복에 빨간색과 흰색 줄무늬 바지를 입고 연미복 외투를 걸친 채 별이 붙어 있는 긴 모자를 쓴 사람을 본 적이 있나요? 실제로 이런 차림으로 다니는 사람은 없지만, 흔히 '미국' 하면 떠오르는 대표적인 이미지가 바로 이런 사람이에요. 미국을 의인화한 캐릭터인 엉클 샘(Uncle Sam)은 미국의 제7대 대통령인 앤드류 잭슨을 바탕으로 만들어졌다고 합니다. 1812년

미국의 영토 확장

미국은 1800년대에 본격적으로 영토 확장을 진행하면서 알래스카와 하와이를 편입해 현재의 영토를 이루었다.

뉴욕 추수 감사절 퍼레이드에 등장한 엉클 샘
하얀 머리에 턱수염이 있고, 미국 국기를 떠오르게 하는 옷을 입은 엉클 샘은
미국을 의인화한 캐릭터다.

미영 전쟁 때 처음 쓰였고, 1852년에 처음으로 그림이 그려졌다고 해요. 미국을 줄여서 'U. S.'라고 하는데, 이것을 엉클 샘의 줄임말이라고 보는 사람도 있지요. 그래서 성조기 옷을 입은 사람을 엉클 샘이라고 불러요.

미국에서 제일 큰 주는 북서쪽 끝에 있는 알래스카 주이고, 제일 작은 주는 북동쪽에 있는 로드아일랜드 주예요. 알래스카 주는 로드아일랜드 주 500개를 합쳐 놓은 것보다 더 크답니다.

그렇다면 미국 영토는 언제부터 이렇게 넓어진 것일까요? 1800년대에 들어서면서 미국의 영토 확장이 본격화되기 시작했어요. 1867년에 미국은 러시아에 720만 달러를 주고 알래스카를 사들였고, 1898년에는 하와이를 편입해 오늘날의 영토를 이루게 되었지요.

13개의 줄과 50개의 별

미국은 영국과의 전쟁에서 승리해 독립했습니다. 처음에는 대서양 연안에 작은 주 열세 개가 늘어서 있었어요. 열세 개 주는 작아서 힘이 없었기 때문에 힘을 합쳐 집단을 이루기로 했지요. 그래서 열세 개의 주가 13의 연합이 되었고, 이를 미합중국이라고 불렀어요.

흔히 13을 불길한 숫자로 여기지만, 열세 개의 주는 그런 불길한 미신 따위는 두려워하지 않았어요. 새로운 국가가 세워졌으니 새로운 국기가 필요했겠지요? 1776년 독립을 선언한 후 빨간색 일곱 개, 흰색 여섯 개로 줄무늬 열세 개를 넣고, 귀퉁이의 파란색 바탕에 열세 개 주를 상징하는 별 열세 개를 넣어 국기를 만들었어요. 1795년에는 열다섯 개의 줄과 열다섯 개의 별이 그려진 국기로 바뀌었다가

1960년 하와이의 주 승격을 마지막으로 별의 수는 50개로 늘어났답니다.

새로운 주가 연합할 때마다 국기 귀퉁이에 별 하나씩을 추가했지만, 새로 연합한 주가 많아서 줄무늬까지 늘리지는 못했어요. 현재 미국 국기에는 50개 주가 하나의 국가로 결합했다는 뜻에서 별 50개가 그려져 있지요.

현재 미국에는 인디언이 거의 남아 있지 않지만, 인디언 이름을 딴 주가 여러 개 있습니다. 우선 뉴욕이나 뉴저지, 뉴햄프셔처럼 '뉴(new)'가 들어간 주는 인디언 이름이 아니에요. 이 이름들은 다른 나라의 옛 도시에서 따온 것이지요. '하늘색 물'이라는 뜻의 미네소타와 '아름다운 강'이라는 뜻의 오하이오 등이 인디언식 이름이 붙은 주예요.

세상에서 가장 흔한 지명, 워싱턴

미국 국회 의사당은 수도인 워싱턴에 있고, 국회 의사당 주변은 그야말로 '박물관 천국'이에요. 워싱턴의 박물관에서는 시간과 공간을 뛰어넘어 세상의 모든 것을 경험할 수 있지요.

미국은 처음 나라를 세울 때 수도로 적합한 곳을 물색했어요. 모두 여덟 곳이 물망에 올랐으나 결국 늪지대가 선정되었지요. 당시에는 그곳이 지리적으로 미국의 한가운데에 있었기 때문이었어요. 미국은 그 늪지대에 도시를 건설하고 미국 초대 대통령인 조지 워싱턴의 이름을 따서 워싱턴이라고 불렀습니다. 오늘날 워싱턴에는 공원이 조성되고 멋진 건물이 들어서서 세계에서 가장 아름다운 도시 중 하나로 발전했어요.

미국의 수도 워싱턴은 지도상으로 보면 메릴랜드 주에 포함된 것처럼 보이지만 사실은 그렇지 않습니다. 워싱턴은 어느 주에도 속하지 않아요. 왜 그럴까요?

최초의 연방 정부는 합중국 전체의 정부가 특정 주에 속해 있는 것이 맞지 않다는 목소리가 높아 특별 지구를 구상했습니다. 그래서 1790년에 새로운 수도 건설이 정해지고, 이듬해 메릴랜드 주와 버지니아 주가 일정 토지를 연방 정부에 제공했어요. 이런 과정을 통해 어느 주에도 속하지 않는 워싱턴 D. C.가 생겨난 것이랍니다.

조지 워싱턴은 워싱턴에 살지 않았어요. 그

조지 워싱턴(1732~1799년) 초상화
독립 혁명군 총사령관으로서 독립 전쟁을 성공으로 이끌었고, 미국 초대 대통령이 되어 미국 건국의 기반을 다지는 데 크게 공헌했다.

마운트 버넌
조지 워싱턴 대통령의 마지막 휴식처였다. 조지 워싱턴의 저택과 정원, 묘지가 있다.

는 워싱턴에서 26km 정도 떨어진 마운트 버넌이라는 곳에서 살았습니다. 오늘날 미국에는 '워싱턴'이라는 이름이 붙은 도시가 28개나 있어요. 그래서 워싱턴에 사는 사람에게 편지를 보내려면 워싱턴 뒤에 꼭 'D. C.'를 붙여야 한답니다. 미국에는 워싱턴이라는 도시가 많아서 자칫하면 엉뚱한 사람한테 배달될 수 있기 때문이지요.

'D. C.'는 컬럼비아 특별구(District of Columbia)를 줄인 말이에요. 이 말은 아메리카를 발견한 콜럼버스의 이름을 딴 지명이지요. 워싱턴 D. C.나 워싱턴 주는 많은 사람이 알고 있어요. 하지만 이외에도 워싱턴이라는 곳은 수없이 많답니다. 놀랍게도 미국에는 군(county), 시(city), 읍(town)까지 전부 합치면 워싱턴이란 지명이 300개가 넘어요. 도로 이름까지 합치면 아마 1,000개도 넘을 것입니다. 심지어 아프리카에도 워싱턴이라는 지명이 있어요. 전 세계적으로는 5,000개가 넘을 것이라고 주장하는 지명 전문가도 있지요.

워싱턴 최고의 건축물, 국회 의사당

워싱턴에서 가장 웅장하면서도 아름다운 건물은 국회 의사당이에
요. 국회 의사당 한편에는 상원의사당이 있고, 다른 편에는 하원의
사당이 있습니다. 상원의사당과 하원의사당에서는 의원들이 법률을
만들어요. 새로 만들어진 법률은 상원과 하원을 모두 통과해야만 효
력이 발생하지요.

　상원에 속한 사람을 상원의원이라 하고, 하원에 속한 사람을 하원
의원이라 해요. 주마다 상원의원 두 사람을 선출해 워싱턴 국회 의
사당으로 보내지요. 알래스카처럼 큰 주든 로드아일랜드처럼 작은
주든 상관없이 상원의원은 한 주에서 두 명만 보낼 수 있어요. 하원
의원도 주마다 국회 의사당으로 보내는데, 하원의원의 수는 주의 인
구에 비례합니다. 예를 들어 뉴욕은 인구가 가장 많으므로 하원의
원의 수도 가장 많아요. 인구가 너무 적어서 하원의원을 한 명만 보
내는 주도 있지요. 상원과 하원을 합쳐서 '의회'라고 하는데, 의회가
열릴 때는 국회 의사당에 깃발을 내건답니다.

　국회 의사당에서 공원을 가로지르면 둥근 지붕을 얹은 큰 건물이

나옵니다. 바로 미국 의회도서관이지요. 미국에서는 책을 출판하면 의회도서관에 두 권을 보내서 저작권을 부여받습니다. 저작권이란 당사자의 허락 없이는 누구도 특정한 출판물을 복제하거나 인쇄할 권한이 없다고 규정하는 제도예요. 의회도서관에는 미국의 어느 곳보다 많은 책이 소장되어 있지요.

집 안에 있는 각종 기계를 살펴보면 '특허 받음'이라는 표시가 있을 거예요. 미국에서는 만년필이든 비행기든 상관없이 누구나 새롭고 유용한 물건을 발명하면, 버지니아 주의 알렉산드리아에 있는 특허청에 가서 특허를 신청할 수 있습니다. 예전에 다른 사람이 비슷한 물건을 만든 적이 없다면 특허청에서는 그 사람에게 발명한 물건을 팔 수 있는 독점권을 부여하지요. 당사자 말고는 아무도 그 물건을 만들어 팔 수 없도록 제한하는 권한을 특허권이라고 해요.

'행렬의 대로'라고도 불리는 펜실베이니아 대로는 국회 의사당에서 시작해 약 2km 정도 떨어진 재무부 건물까지 이어집니다. 10달러 지폐에는 재무부 건물이 그려져 있어요. 미국을 U. S.로 표시하듯이 미국 화폐인 달러도 U. S.로 표시합니다. 다만 두 글자를 포개서

워싱턴 국회 의사당
필라델피아에서 워싱턴으로 수도가 바뀐 후부터 미국을 상징하는 대표적인 건물이 되었다.

워싱턴에 있는 건축물

미국의 수도 워싱턴에는 미국 최고의 건축물로 알려진 국회 의사당을 비롯해 의회도서관, 재무부 등 역사적 건축물이 많이 세워져 있다.

재무부(오른쪽)

세금을 징수하고 국가 재정을 담당하고 있다.

펜실베이니아 대로

'행렬의 대로'라고 불린다. 국회 의사당에서 시작해 약 2km 떨어진 재무부 건물까지 연결된다.

의회노서관
(토머스 제퍼슨관)
의회 도서관은 토머스 제퍼
슨관, 존 애덤스관, 제임스
메디슨 기념관의 세 건물로
구성되어 있다. 최초로 건립
된 토머스 제퍼슨관은 미국
제3대 대통령 토머스 제퍼슨
이 자신의 장서 6,500권을
기증해 세운 도서관이다.

의회도서관 열람실
돔 형태의 천장과 바닥, 스테
인드글라스로 된 창문, 대리
석 기둥에 이르기까지 화려
한 모습을 자랑한다.

항공우주박물관

항공과 우주 비행선 자료가 가득한 곳이다. 전 세계에서 사용했던 항공기의 실물과 모형, 우주선 등이 전시되어 있다.

항공우주박물관 세계에서 가장 큰 항공 우주 관련 박물관이다.

린드버그가 탄 비행기 린드버그가 최초로 대서양을 횡단할 때 사용한 비행기 '스피릿 오브 세인트루이스'다.

쓰되 ‘U’자의 아랫부분을 잘라서 ‘$’(현재는 ‘$’를 사용함)와 같은 모양으로 표기한다는 점이 다르지요. 지폐와 우표는 조폐국에서 찍어 낸답니다.

워싱턴에는 큰 규모의 국립 박물관이 있습니다. 이곳에는 세계 각지에서 가져온 진기하고 놀라운 물건들이 잔뜩 보관되어 있어요. 항공우주박물관에는 린드버그가 타고 바다를 건넌 비행기도 전시되어 있지요.

백악관과 링컨 기념관

미국에는 하얀 집이 많지만 재무부 건물 옆에 있는 백악관 (The White House)은 여느 하얀 집과는 다릅니다. 백악관은 대통령이 사는 집이에요.

20달러 지폐에는 백악관이 그려져 있습니다. 미국은 대통령 중심제를 채택하고 있지만 삼권 분립이 철저한 정치 체제를 갖추고 있어요. 임기가 4년인 대통령은 부통령과 함께 간접 선거로 선출하지요.

아마 현직 미국 대통령이 백악관 뒤편 베란다에서 내다본다면 뒤뜰 저편으로 조지 워싱턴 대통령의 기념탑이 보일 거예요. 워싱턴 기념탑은 세계에서 가장 높은 석조 기념탑입니다. 거대한 손가락 모양으로 높이가 169m에 이르지요.

워싱턴 기념탑 밑에는 기다란 연못이 있어서 기념탑이 연못에 비친 모습을 볼 수 있어요. 연못의 반대편 끝에는 미국 제16대 대통령인 에이브러햄 링컨을 기념하기 위해 지은 링

워싱턴 기념탑
조지 워싱턴을 기리기 위해 건설한 대통령 기념물이다. 높이 169m로 최고 높이의 오벨리스크다.

노예 해방을 선언한 링컨(1809~1865년)

링컨은 집 전체가 방 한 칸 크기도 안 될 정도로 작은 오두막에서 태어났다. 돈도 없고 출세할 기회도 적었지만, 결국 미국 제16대 대통령이 되었고, 노예 해방 선언을 이루었다.

링컨의 조각상(오른쪽) 링컨 기념관 안에 있는 미국 제16대 대통령 링컨의 조각상이다.

링컨 기념관 워싱턴 D. C.에 있는 링컨 대통령 기념관이다.

포드 극장

링컨은 워싱턴 시내에 있는 포
드 극장에서 공연을 보던 중 암
살범이 쏜 총에 맞아 숨졌다.

링컨이 죽음을 맞이한 방

포드 극장 맞은편에 있는 피터
슨 하우스의 2층 방이다. 이곳
에서 링컨은 죽음을 맞이했다.

컨 기념관이 있답니다. 한 사람에게 바치는 건물치고는 아마 세상에서 가장 클 거예요. 5달러 지폐 앞면에는 링컨의 얼굴이 있고, 뒷면에는 링컨 기념관이 그려져 있지요.

링컨은 집 전체가 방 한 칸 크기도 안 될 정도로 작은 오두막에서 태어났습니다. 몹시 가난해서 출세할 기회가 적었지만 결국 그는 미국 대통령이 되었지요. 링컨은 워싱턴 시내에 있는 포드 극장에서 공연을 보던 도중, 암살범이 쏜 권총에 맞아 숨졌어요. 그리고 길 건너편에 있는 어느 가정집의 침대 위에 눕혀졌지요. 링컨이 숨을 거둔 곳인 피터슨 하우스는 지금도 그대로 보존되어 있답니다.

링컨이 대통령이 될 무렵, 미국은 남과 북으로 나뉘어 끔찍한 전쟁을 치르던 중이라 '합중국(the United States)'이라는 명칭이 무색할 정도였어요. 하지만 링컨은 나라를 하나로 통합했고, 그런 의미에서 미국 사람들은 링컨 기념관을 지어 링컨을 기리고 있지요.

이 건물 안에는 링컨 조각상 말고는 아무것도 없어요. 링컨이 의자에 앉아 방문객을 내려다보는 듯한 조각상을 보면 마치 그의 영혼이 조각상에 깃들어 있는 것 같답니다.

아나폴리스와 볼티모어

옛날 옛적 워싱턴을 지나 흐르는 강가에 장사하는 인디언들이 있었어요. 카누를 타고 강 상류와 하류를 오가면서 가지고 있는 물건을 다른 사람이 원하는 물건과 맞바꾸었지요. 구슬을 주고 모피를 사고, 활을 주고 화살을 사기도 했으며, 옥수수를 주고 감자를 사기도 했어요. 인디언 말로 장사꾼을 '포토맥'이라고 합니다. 그리고 포토맥들이 장사하던 강은 그대로 이름을 따서 '포토맥 강'이라 부르지요. 포토맥 강은 영국 여왕의 이름을 따온 메릴랜드 주와 버지니아 주 사이로 흐릅니다.

포토맥 강
버지니아 주와 웨스트버지니아 주에서 발원해 워싱턴 D. C. 등을 거쳐 체서피크 만으로 흘러 들어가는 강이다.

포토맥 인디언들은 카누를 타고 강 하류로 내려가다가 강폭이 넓어지는 지점을 발견했어요. 이 지점은 강이 바다처럼 넓어져서 인디언 말로 '물의 어머니'라는 뜻의 '체서피크'라고 불렸지요. 체서피크 만은 미국에서 가장 큰 항만을 형성하고 있어요.

어느 날 배가 몹시 고팠던 한 인디언이 굴 껍데기를 깨서 안에 있는 굴을 먹었어요. 맛이 좋고 배탈도 나지 않았지요. 그때부터 사람들은 굴을 먹기 시작했어요. 다른 지역에서도 굴이 나지만 체서피크 만에서 나는 굴이 가장 크고 맛도 좋답니다.

체서피크 만 근처에는 아나폴리스와 볼티모어라는 도시가 있어요. '안나의 도시'라는 뜻을 담고 있는 아나폴리스는 영국 여왕의 이름에서 유래되었지요.

메릴랜드 주의 주도인 아나폴리스에는 해군 사관 학교가 있어요. 해군 사관 학교 생도는 배와 전투, 지리에 관해 자세히 배우고, 다른 나라에 파견되어 전함을 지휘하는 법을 익히기도 하지요.

볼티모어는 메릴랜드 주에서 가장 큰 도시입니다. 볼티모어라는

볼티모어 철도
1830년 볼티모어에 놓인 미국 최초의 철도다. 넓은 영토를 가진 미국의 철도 산업은 철도 발명국인 영국보다 더욱 빨리 발전했다.

이름은 영국 귀족 이름을 따서 지어졌지요. 1830년 미국 최초의 철도가 볼티모어에 놓였어요. 볼티모어에서 출발해 오하이오 주까지 달리기 때문에 이 철도를 '볼티모어 & 오하이오', 혹은 줄여서 'B. & O.'라고 불렀습니다. 볼티모어는 존스홉킨스 대학교와 홉킨스 병원으로도 유명하지요.

피츠버그와 필라델피아

철광석에서 철을 뽑으려면 철광석을 녹여야 하고, 녹이려면 석탄 같은 연료가 있어야 합니다. 간혹 철광석은 나는데 석탄이 나지 않는 지역도 있고, 석탄은 나는데 철광석이 나지 않는 지역도 있어요. 그러나 펜실베이니아 서부의 피츠버그에는 철광석과 석탄이 가까이에 매장되어 있답니다.

석탄을 태우면 자욱한 연기가 많이 납니다. 그래서 도시에는 구름이 없는 맑은 날에도 종종 연기구름이 드리워 해가 보이지 않을 정도였어요. 피츠버그는 미국에서 손꼽히는 제1의 철강업 도시였지만, 지금은 철강업이 쇠퇴한 상태입니다. 하지만 첨단 산업과 기업 본사 입지 등으로 다시 성장하고 있지요.

'형제애의 도시'라는 뜻을 지니고 있는 필라델피아는 워싱턴 D. C.가 세워지기 전에는 미국의 수도였어요. 하지만 지금은 펜실베이니아 주의 주도조차 아니랍니다. 그렇지만 필라델피아는 제1차 대륙 회의, 1776년 미국 독립 선언과 미국 독립 전쟁을 선포한 제2차 대륙 회의가 열린 곳으로 유명해요. 필라델피아에 있는 독립 기념관 안에는 미국이

자유의 종
1776년 7월 4일 독립 기념관에서 미국 독립 선언이 공포되었을 때 이 종을 쳤다.

독립국이 되었다는 소식을 처음 알려 준 종이 있습니다. 지금은 파손되어 소리가 나지 않지만, 소리가 잘 나는 다른 종보다 훨씬 귀중하게 보관되어 있지요.

필라델피아에서 멀지 않은 애틀랜틱시티에는 사람들이 많이 몰리는 해수욕장이 있어요. 뉴저지 주 해안에 자리 잡은 이 해수욕장에서 사람들은 소금 목욕과 일광욕을 즐기며 여가를 보냅니다. 바닷가에는 일반 도로 너비만큼 판자를 놓아 만든 산책로가 약 2km 가까이 뻗어 있고, 길 양옆에는 볼거리와 먹을거리가 즐비하지요.

독립 기념관

1776년 7월 4일 토머스 제퍼슨이 독립 선언서를 발표한 곳이다. 세계 최초로 자유 민주주의 정부가 시작되었음을 의미하는 역사적인 장소다.

'아메리카'는 왜 처음 발견한 사람의 이름을 붙이지 않았을까요?

마젤란 해협과 같이 지명에는 처음 발을 딛거나 발견한 사람의 이름을 붙이는 경우가 많습니다. 그런데 아메리카는 콜럼버스가 발견했다고 알려졌지만 정작 '아메리고 베스푸치'라는 사람의 이름을 따서 지었어요. 아메리고 베스푸치는 콜럼버스와 같은 이탈리아 사람입니다. 콜럼버스의 신대륙 항해를 도와준 상사에서도 일했고, 자신도 여러 차례 신대륙을 항해하기도 했어요. 중요한 건 아메리고 베스푸치가 자신의 이름으로 『신세계』라는 책을 출간했는데, 이 책이 유럽에서 널리 읽혔다는 것입니다. 이 책을 본 독일의 유명한 지리학자 발트제 뮐러가 신세계를 발견한 사람이 아메리고 베스푸치라고 생각하고 그것을 기념해 '아메리카'라고 부르자고 주장했어요. 이 주장이 사람들에게 인정을 받기 시작해 결국 신대륙이 아메리카로 굳어져 버린 것입니다. 아메리고 베스푸치의 책에 기록된 신대륙 항해에 대해서는 아직도 많은 의문점이 있다고 해요.

아메리고 베스푸치
(1454~1512년)

3 엠파이어 스테이트와 양키의 땅 |
뉴욕, 뉴잉글랜드

여러 국가를 합친 것을 '제국(Empire)'이라고 합니다. 흔히 뉴욕 주를 엠파이어 스테이트(Empire State)라고 하지요. 사업을 크게 벌여 번영과 어마어마한 돈을 벌어들인 재벌 수가 여러 국가를 합친 것만큼 많아서 그런 이름이 붙은 거예요. 뉴욕 주의 남쪽 끝에는 세계에서 두 번째로 큰 도시인 뉴욕이 있습니다. 그리고 400여 년 전에 잉글랜드 사람들이 대서양을 건너와 정착한 뉴욕 북부의 6주, 즉 매사추세츠 주, 코네티컷 주, 로드아일랜드 주, 버몬트 주, 메인 주, 뉴햄프셔 주를 뉴잉글랜드라고 하지요.

- 뉴욕 맨해튼 섬은 초고층 건물을 세워도 지반이 흔들리지 않을 만큼 강한 암반이 형성되어 있다.
- 뉴잉글랜드는 풍부한 수력 자원을 이용해 공업이 발달했으나, 석탄 산지와 거리가 멀어 섬유나 금속 중심의 경공업이 발달했다.
- 뉴잉글랜드에서 가장 큰 도시인 보스턴은 17세기에 영국 청교도가 이주해 세운 도시다.

하늘로 향한 도시, 뉴욕

뉴욕(New York)이라는 이름은 영국의 요크(York)라는 도시에서 따왔어요. 하지만 뉴욕의 규모는 원래의 요크보다 수백 배나 크지요.

뉴욕의 중심지는 인디언이 맨해튼이라고 부르던 섬이에요. 백인이 인디언에게 24달러 정도를 주고 맨해튼 섬을 샀지요. 당시 인디언은 돈이 무엇인지 몰랐기 때문에 돈 대신 구슬과 장신구 24달러어치를 받았습니다. 지금 뉴욕에서는 아주 작은 땅이라도 당시 맨해튼 섬 전체의 가격보다 몇 배는 비쌀 거예요.

17세기에 네덜란드 사람들이 맨 처음 맨해튼 섬에 상륙했습니다. 이들은 이 섬에 '뉴 암스테르담'이라는 이름을 붙였어요. 이후 영국 함대가 맨해튼 섬에 들어와 네덜란드 사람들을 내쫓고 요크 공을 기념해 '뉴욕'이라고 불렀지요.

미국이 독립한 후 뉴욕은 한때 미국의 수도였어요. 이후 필라델피아, 워싱턴으로 수도가 옮겨졌지만, 뉴욕은 계속 발전하는 도시였지요.

제1차 세계 대전이 끝나고 세계 경제의 중심이 미국으로 옮겨지면서 뉴욕에 높은 건물들이 들어서게 되었어요. 이때 맨해튼 섬은 강한 암반 덕분에 주목을 받기 시작했지요. 이 암반 덕택에 맨해튼 섬에는 아무리 높은 빌딩을 지어도 지반이 흔들리지 않았어요. 하늘을 찌를 듯이 높이 지었다고 해서 이런 건물을 마천루(skyscraper)라고 합니다.

인간의 손으로 만든 것 중에서 뉴욕의 대형 건물보다 아름다운 것은 없을 거예요. 뉴욕의 마천루는 신기하고 장엄할 뿐 아니라 『걸리

자유의 여신상
미국 독립을 기념하기 위해 세워졌다. 왼손에는 독립 선언서를, 오른손에는 '자유의 빛'을 상징하는 횃불을 들고 있다.

버 여행기』의 거인국 사람들처럼 작은 사람들을 압도하며 전율을 일으키지요.

뉴욕 항 입구에 있는 작은 섬인 리버티 섬에는 횃불을 높이 든 자유의 여신상이 있습니다. 이 동상은 미국 독립 100주년을 기념해 프랑스에서 선물한 거예요. 이 거대한 청동 동상의 손 길이만 13m가 넘고, 집게손가락 하나가 3m 가까이 됩니다. 동상 내부에 있는 엘리베이터를 이용해 여신상의 머리와 봉화 전망대까지 올라갈 수 있어요. 하지만 지금은 9·11 테러 때문에 머리 부분까지만 공개되고 있답니다.

맨해튼 섬 한쪽으로는 허드슨 강이 흐르고, 다른 쪽으로는 이스트 강이 흐릅니다. 이스트 강에는 다리가 놓여 있는데, 강 한편에서 건너편까지는 철제 밧줄로 연결되어 있고 다리 바닥으로 밧줄이 늘어져 있어요. 이런 다리를 현수교라고 합니다. 다리 건너에 있는 롱아일랜드에 브루클린이라는 큰 도시가 있어서 이 다리를 브루클린 다리라고 하지요.

브루클린 다리가 놓이기 전에도 작은 개천에 현수교가 놓인 적이 있었지만 이렇게 큰 강에 놓인 적은 없었어요. 브루클린 다리는 높이 달려 있어서

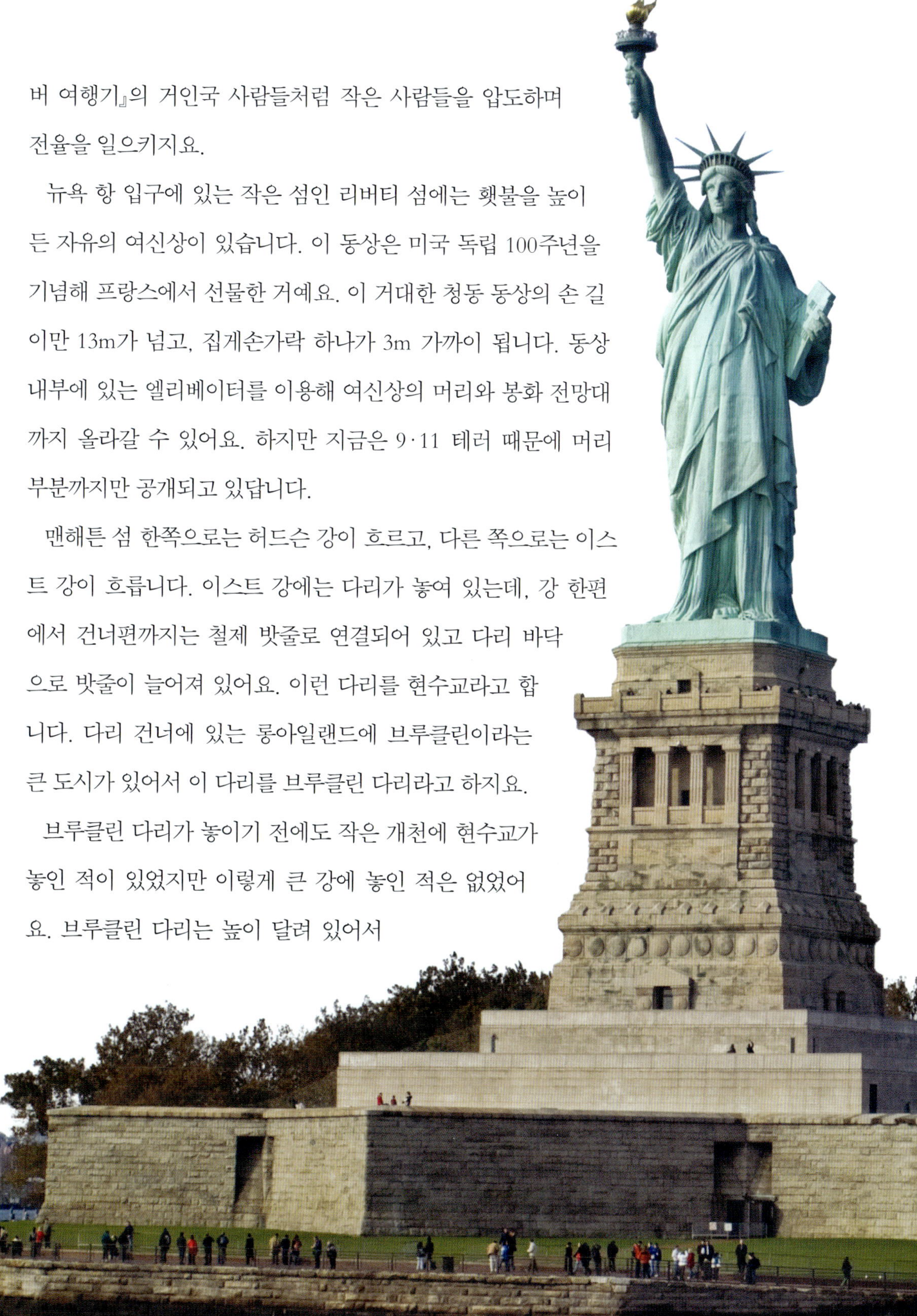

맨해튼 미드타운의 전경
GE 빌딩에서 바라본 맨해튼 미드타운의 전경이다. GE 빌딩은 록펠러 센터에서 가장 높은 70층 빌딩이다.

허드슨 강과 브루클린 다리

맨해튼 섬 한쪽에는 영국 탐험가 허드슨이 1609년에 발견한 허드슨 강이 흐르고 있다. 다른 한쪽에 흐르는 이스트 강에는 현수교가 설치되어 있는데, 다리 건너에 있는 롱아일랜드에 브루클린이라는 도시가 있어서 이 다리를 브루클린 다리라고 한다.

허드슨 강 독립 전쟁의 흔적이 남아 있는 곳이다. 영국의 탐험가 허드슨이 발견해 허드슨 강으로 불린다.

브루클린 다리 맨해튼과 브루클린을 연결하는 다리다. 1883년 개통 당시에는 세계에서 가장 긴 현수교로 주목받았다.

큰 배도 무난히 지나갈 수 있답니다.

처음에는 다들 브루클린 다리를 건너는 것을 두려워했어요. 강철로 만들었다고는 하지만 밧줄에 매달려 있으니 다리가 떨어지면 어떻게 하나 불안했기 때문이지요. 자동차가 지나갈 때 덜거덕거리면서 흔들리기는 하지만 브루클린 다리는 아직 온전히 잘 매달려 있어요.

맨해튼 남쪽에는 세계 금융의 중심지인 월 스트리트가 있습니다. 이 거리에는 세계 최대 규모를 자랑하는 뉴욕 증권 거래소를 비롯해 증권 회사와 은행이 밀집해 있어 세계 자본주의 경제의 총본산이라고 할 수 있어요.

세계에서 가장 유명한 도로 중 두 곳은 맨해튼을 관통해서 북쪽으로 넘어가는 길입니다. 이 중 하나는 브로드웨이(Broadway)고, 다른 하나는 5번가(Fifth Avenue)지요. 원래 브로드웨이는 짧았지만 넓어 보여서 '넓은 길'이라는 뜻으로 브로드웨이라는 이름이 붙었어요. 하지만 지금은 '롱 웨이'라고 불러도 될 정도로 길어졌답니다.

5번가는 멋스러운 저택이 늘어선 거리로 유명해요. 현재 5번가는 패션의 거리를 뜻하는 말이 되었지요.

뉴욕은 세계 어느 곳보다 땅값이 비싸지만 소박한 전원을 느낄 수 있는 넓은 공원이 두 곳이나 있어요. 바로 센트럴 파크와 브롱크스 동물원이랍니다. 센트럴 파크는 세계에서 가장 유명한 도시공원이에요. 그리고 브롱크스 동물원에는 밀림, 산악 지대, 사막, 야생에서 온 진기한 동물들이 살고 있지요.

월 스트리트

세계 금융 시장의 중심지인 월 스트리트에는 세계 제일
의 규모를 자랑하는 뉴욕 증권 거래소와 각종 증권 회
사 및 은행이 집중되어 있다.

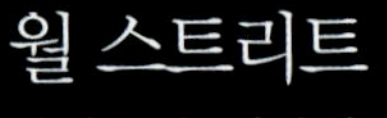

월 스트리트 입구의 황소상(오른쪽)
월 스트리트의 상징과도 같은 거대한 황소
상이다. 황소상의 뿔을 잡고 사진을 찍으면
부자가 된다는 설이 있다.

뉴욕 증권 거래소
월 스트리트 한복판에 있는 뉴욕 증권 거래
소는 세계 최대의 증권 거래소다. 세계 주요
기업들의 주식이 상장되어 있다.

트리니티 교회

보스턴에서 유일하게 미국 건축가 협회의 '가장 대표적인 미국 건물 10위'에 선정되었다. 1885년에는 미국에서 가장 중요한 건물에 선정되기도 했다.

클린턴 요새

1808~1811년 동안 영국군으로부터 맨해튼을 보호하기 위해 지은 건물이다.

미드타운

뉴욕의 심장부인 맨해튼은 업타운(uptown), 미드타운(midtown), 다운타운(downtown)으로 구분된다. 이 중 미드타운은 맨해튼 14가에서 59가에 이르는 지역이다. 미드타운에는 엠파이어 스테이트 빌딩을 비롯해 록펠러 센터, 5번가, 브로드웨이 등 수많은 명소가 있다.

뉴욕 5번가의 쇼윈도(오른쪽)
뉴욕 5번가에는 고급 상점이 즐비하다. 현재는 '패션의 거리'를 뜻하는 말이 되었다.

엠파이어 스테이트 빌딩 야경
엠파이어 스테이트 빌딩은 1931년에 세운 높이 381m의 초고층 빌딩이다. 오랫동안 뉴욕을 상징해 왔다.

록펠러 센터 뉴욕 중심가에 있는 건축 군을 가리킨다. 높이 259m의 GE 빌딩을 중심으로 주위에 15개 동의 고층 빌딩이 세워져 있다.

센트럴 파크

뉴욕 맨해튼에 있는 세계에서 가장 유명한 도시공원이다. 1850년대에 센트럴 파크 설계 감독을 맡았던 옴스테드는 "지금 이곳에 공원을 만들지 않으면, 100년 후에는 이만 한 넓이의 정신 병원이 필요할 것이다."라고 말했다.

센트럴 파크(오른쪽) 공원 잔디에서 휴식을 취하는 아버지와 어린아이들이 행복해 보인다.

센트럴 파크 저수지(59쪽 위) 센트럴 파크 북쪽에 있는 저수지다. 센트럴 파크 주변에는 산 레모 등 뉴욕의 최고급 아파트들이 늘어서 있다.

센트럴 파크 전경 바쁜 뉴욕 사람들에게 '도심 속 오아시스'라 불리는 곳이다.

작은 고추가 맵다, 뉴잉글랜드

인디언은 백인을 부를 때 '잉글리시'라고 부르려 했지만, 기껏 발음할 수 있는 말은 '기스'나 '양키스'였습니다. 어린아이가 '브라더(형)'를 '버디'라고 말하는 것을 떠올리면 이해가 갈 거예요. 지금도 뉴잉글랜드 사람을 '양키스'라고 부릅니다. 뉴잉글랜드의 6주를 다 합쳐도 서부의 주 하나보다도 크기가 작지만, 그 힘은 다른 어느 주보다도 강하지요.

메이플라워호를 타고 온 영국인은 맨 처음 플리머스라는 곳에 정착했어요. 하지만 뉴잉글랜드에서 가장 크고 중요한 도시는 보스턴입니다. 보스턴은 17세기에 영국의 청교도가 이주해 세운 도시예요. 흔히 보스턴을 '허브'라고 하는데, 허브란 바퀴의 중심부를 가리키는 말이랍니다. 즉 바퀴살은 허브를 중심으로 돌아가지요. 지구는 북극과 남극을 중심으로 돌아가므로 양쪽 극 지대를 지구의 허브라고 할 수 있어요. 세상이 보스턴을 중심으로 돌아간다는 말은 일종의 비유일 뿐이지요.

뉴잉글랜드 지방은 바위투성이의 척박한 땅에 날씨마저 추워서 농사짓기에는 적합하지 않아요. 그래서 근교 농업과 낙농업이 주로 발달했지요. 겨울에는 몹시 춥고 바위가 많아서 들판에 널린 바윗덩어리를 울타리로 삼았어요. 이 지방에서는 추위와 바위 때문에 본격적인 농사를 지을 수는 없었지만, 지천으로 널린 폭포를 이용해서 공장을 돌리고 물건을 생산할 수 있었답니다.

이렇듯 풍부한 수력 자원을 이용해 공업이 이루어졌으나 석탄 산지와 거리가 멀어 중공업보다는 섬유나 금속 중심의 경공업이 발달

했어요. 그래서 뉴잉글랜드 지방은 다양한 물건을 생산해서 미국 전역에 공급하는 일을 주로 담당했지요. 다만 피츠버그처럼 실, 바늘, 시계, 신발 등과 같은 생필품을 주로 생산했어요.

이곳 공장에서는 주로 폭포의 힘으로 기계를 돌리기 때문에 공장을 '물방앗간'이라는 뜻의 '밀(mill)'이라고 해요. 요즘은 대부분 수력을 이용해 생산한 전기로 공장의 기계를 돌리지만 지금도 공장을 '밀(mill)'이라고 부른답니다. 또한, 뉴잉글랜드 해안에는 여름철 휴가지가 줄지어 늘어서 있어요. 미국 다른 지역이 한창 뜨거울 때도 이 지역은 기후가 선선해서 휴가지로 주목받고 있지요.

뉴잉글랜드에는 미국에서 가장 유명한 대학들도 모여 있어요. 예일 대학교는 코네티컷 주의 뉴 헤이븐에 있고, 미국에서 가장 역사가 오래된 대학인 하버드 대학교는 매사추세츠 주의 보스턴에 있답니다.

미국의 명문, 예일 대학교와 하버드 대학교

뉴잉글랜드 지역에는 세계적으로 유명한 대학이 모여 있다. 누구나 한 번쯤은 입학을 꿈꾸는 곳, 바로 코네티컷 주의 예일 대학교와 매사추세츠 주의 하버드 대학교다.

하버드 대학교

예일 대학교(아래)

네이선 헤일(1755~1776년) 예일 대학교 출신의 미국 독립 전쟁 영웅이다. 영국 군인에게 체포되어 죽기 전 "내 조국을 위해 바칠 목숨이 하나밖에 없는 것이 안타깝다."라는 말을 남겼다.

세계에서 가장 유명한 대학들을
'아이비리그'라고 부르는 이유가 무엇일까요?

미국의 북동부 지역은 유럽 사람들이 가장 먼저 정착한 곳으로 역사가 오래된 유명한 대학들이 많이 있어요. 특히 브라운·컬럼비아·코넬·다트머스·하버드·펜실베이니아·프린스턴·예일 대학교가 세계적으로 유명합니다. '아이비리그'라는 말은 이 여덟 개의 대학교가 1954년에 '아이비 그룹 협정(Ivy Group Agreement)'을 맺고 일 년에 한 번씩 미식축구 경기를 열기로 함으로써 시작되었어요. '리그'는 경기 방식을 일컫는 말인데, 그렇다면 '아이비'라는 말은 어디서 온 것일까요? 어떤 사람은 담쟁이덩굴을 뜻하는 아이비(ivy)가 여덟 개 대학의 건물을 공통적으로 뒤덮고 있기 때문이라고 합니다. 또 어떤 사람은 여덟 개 대학 중에서 더 유명한 하버드·예일·프린스턴·컬럼비아 대학교로만 리그를 구성했을 때 로마 숫자로 4를 뜻하는 'Ⅳ'를 'Ⅰ'와 'Ⅴ'로 따로 떼어 영어로 발음한 데서 유래했다고도 하지요. 이후 아이비리그는 미식축구 경기를 뜻하는 말을 넘어서 점차 명문 사립 대학을 가리키는 말로 변했어요.

4 다섯 개의 큰 웅덩이 | 오대호

미국과 캐나다의 국경 지역에는 지도로 보면 커다란 웅덩이처럼 보이는 호수가 다섯 개 있습니다. 마치 덩치 큰 거인의 젖은 우산에서 물이 뚝뚝 떨어져서 생긴 것 같은 모양이지요. 이 호수들은 아메리카 대륙에서 가장 크기 때문에 다섯 개의 큰 호수라는 뜻으로 '오대호(Great Lakes)'라고 불러요. 오대호는 빙하의 침식 작용으로 생겨났습니다. 서쪽부터 슈피리어 호, 미시간 호, 휴런 호, 이리 호, 온타리오 호의 차례로 있지요.

- 나이아가라 폭포는 미국과 캐나다의 국경을 가로질러 흐르는 나이아가라 강에 있는 폭포다.

- 빙하 침식 작용으로 생긴 오대호는 아메리카 대륙에서 가장 큰 다섯 개의 호수를 말한다. 슈피리어 호, 미시간 호, 휴런 호, 이리 호, 온타리오 호가 있다.

- 미국은 일반 옥수수보다 가축 사료용 옥수수를 재배하는 지역이 더 많다. 아이오와 주는 다른 지역보다 옥수수를 많이 재배해 '옥수수의 주'라고 불린다.

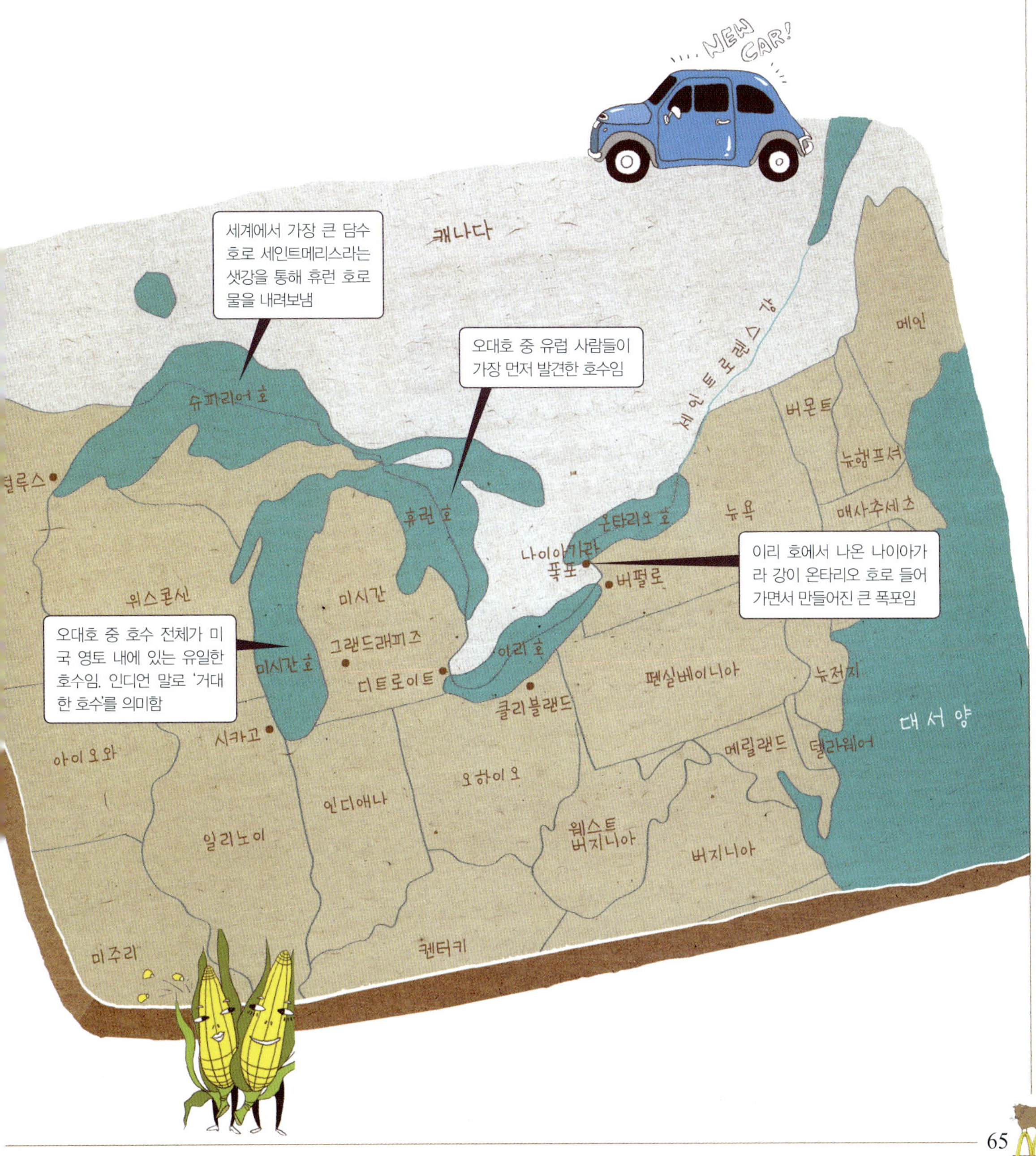

천둥의 소리, 나이아가라

뉴욕 주의 서쪽 끝에는 이리 호와 온타리오 호라는 인디언식 이름의 거대한 호수가 있어요. 지도에서는 이리 호가 온타리오 호 아래에 있는 것처럼 보이지만 사실은 훨씬 높은 지대에 있습니다. 따라서 이리 호의 물이 절벽으로 떨어져 온타리오 호로 흘러내리지요. 이렇게 형성된 폭포가 바로 나이아가라 폭포예요.

나이아가라 폭포는 세계에서 가장 높은 폭포도 아니고, 넓은 폭포도 아니에요. 하지만 가장 아름다워 세계 각지에서 수많은 사람이 폭포를 보려고 찾아오지요. 나이아가라 폭포 소리는 몇 킬로미터 떨어져서도 무시무시한 천둥소리처럼 들립니다. 햇살이 반짝이는 날에는 폭포 바닥에서 물보라가 일어 아름다운 무지개를 드리우지요.

나이아가라 폭포 일부는 큰 통에 떨어지는데, 폭포수가 떨어질 때 통 밑에 달린 커다란 바퀴가 돌아가요. 바퀴가 돌아가면서 생산된 전기는 공장의 기계를 돌리고 전동 열차를 움직이지요. 또 도시의 수많은 집과 거리의 가로등을 밝히기도 해요.

왜 그러는지는 몰라도 가끔 큰 오크 통을 타고 폭포에서 뛰어내리려고 시도하는 사람이 있어요. 실제로 여러 사람이 뛰어내렸지만 죽지는 않았답니다. 하지만 이리 호에서 온타리오 호로 가는 배가 폭포에서 뛰어내릴 수는 없겠지요?

그래서 사람들은 나이아가라 폭포를 빙 둘러 이리 호에서 온타리오 호로 이어지는 수로를 팠어요. 그리고 온타리오 호로 내려가거나 이리 호로 올라가는 계단식 물길을 냈지요. 이렇게 인공으로 만든 강이 웰랜드 운하예요.

나이아가라 폭포
나이아가라 폭포를 보면 자연의 경이로움을 단번에 느끼게 된다. 나이아가라 폭포가
떨어지는 소리는 몇 킬로미터 밖에서도 천둥소리처럼 들린다.

나이아가라 폭포

중앙의 고트 섬❷을 기준으로 말발굽 모양으로 생긴 캐나다 쪽
폭포❶와 미국 쪽 폭포❸로 나뉜다. 나이아가라 강을 가로지르는
철교인 레인보우 브리지❹가 미국과 캐나다를 잇고 있다. 나이아
가라 폭포를 제대로 감상하는 방법 중 하나는 스카일론 타워❺에
오르는 것이다. 높이가 236m인 스카일론 타워에 오르면 나이아가
라 폭포 전경이 한눈에 들어온다.

❹
❸
❺

2
1

캐나다 쪽 나이아가라 폭포
고트 섬과 캐나다의 온타리오 주 사이
에 있는 폭포다. 말발굽 모양처럼 생
겼다 해서 호스슈 폭포로 불린다. 높
이 48m, 너비 900m에 달하며 나이아
가라 강물의 약 94%가 호스슈 폭포로
흘러내린다.

그런데 배가 어떻게 계단을 타고 오르내리냐고요? 비밀은 바로 '갑문'에 있어요. 웰랜드 운하에는 거대한 수조 모양의 갑문이 설치되어 있답니다.

욕조에 장난감 배를 띄워 본 적이 있나요? 욕조에 물을 채우면 장난감 배도 같이 올라가고, 물을 빼면 배도 같이 내려가지요. 운하의 갑문은 이와 같은 방식으로 작동됩니다. 배가 아래로 내려가려면 우선 갑문까지 가야 해요. 갑문에 갇힌 물을 빼면 배도 서서히 아래로

내려가지요. 배가 맨 아래로 내려오면 갑문 끝에 달린 수문이 열리고 배가 아래층 운하로 내려가게 돼요. 반대로 배가 위로 올라갈 때는 열린 수문을 지나서 갑문을 넘어가면 뒤에서 수문이 닫히고 물이 채워집니다. 갑문에 물이 다 차면 수면이 올라가면서 배도 따라 올라가게 되지요.

뉴욕으로 향하는 배는 먼저 웰랜드 운하를 따라 갑문을 통해 온타리오 호로 내려가고, 온타리오 호에서 세인트로렌스 강을 따라 대서양으로 내려간 다음, 다시 해안선을 따라 뉴욕까지 항해합니다.

다섯 개의 호수

오대호 중에서 가장 작은 두 곳은 앞에서 소개한 이리 호와 온타리오 호예요. 이리 호는 한때 연안에 분포했던 이리 인디언의 이름을 따서 지어졌고, 미국과 캐나다의 국경이 이 호수 한가운데를 지나고 있습니다. 오대호 중에서 가장 작고 가장 동쪽에 있는 온타리오 호역시 미국과 캐나다의 국경에 있어요.

나머지 세 개의 호수는 미시간 호와 휴런 호, 그리고 오대호 중에서 가장 큰 슈피리어 호(Superior)예요. 축구를 잘하거나 성적이 우수한 아이를 보고 남들보다 '슈피리어하다(뛰어나다)'라고 합니다. 슈피리어 호는 세계에서 가장 큰 담수호이고, 다른 호수들처럼 미국과 캐나다의 국경에 걸쳐 있어요. 지대도 높은 이 호수는 세인트메리스라는 샛강을 통해 휴런 호로 물을 내려보내는데 강 곳곳에 폭포가 있지요.

미시간 호는 오대호 중에서 호수 전체가 미국 영토 안에 들어와 있는 유일한 호수예요. 인디언 말로 '거대한 호수'라는 뜻의 이 호수는 남북으로 긴 모양이랍니다. 오대호 중 유럽 사람들이 가장 먼저 발견한 휴런 호는 다른 호수들과 마찬가지로 미국과 캐나다의 국경에 걸쳐 있어요.

햄버거를 덜 먹으면 지구가 살아난다?

미시간 호 남단의 일리노이 주에는 미국에서 세 번째로 큰 도시가 있습니다. 바로 인디언 추장의 이름을 딴 시카고라는 도시예요. 시카고에는 세계 어느 도시보다도 많은 열차가 드나듭니다. 미국의 모든 열차가 시카고에서 멈췄다가 다시 시카고에서 출발하지요.

세계에는 온갖 동물이 살고 있고, 그중에서 사람이 주로 먹는 동물은 소나 양, 돼지 등이에요. 모든 미국인이 먹는 육류의 양을 맞추는 데도 매년 엄청난 수의 가축이 필요하지요.

시카고 근처나 시카고에서 멀리 떨어진 지역에서는 가축을 사육해요. 가축을 살찌우는 데 가장 좋은 사료는 옥수수랍니다. 미국에는 소나 양, 돼지에게 먹일 사료용 옥수수를 재배하는 지역이 일반 옥수수를 재배하는 지역보다 더 많아요. 아이오와 주는 다른 지역보다 옥수수를 많이 재배하기 때문에 '옥수수의 주'라고도 하지요.

아이오와에서 재배한 옥수수 일부는 시카고로 운반하는데, 대부분 '살아 있는' 상태로 운반합니다. 다시 말하면 옥수수를 사료로 먹여 기른 가축을 산 채로 시카고에 보내서 도축한다는 뜻이지요. 시카고로 운반된 가축은 가축 사육장이라는 큰 우리에 가뒀다가 도축합니다.

시카고에서 도축한 고기는 냉동차나 배로 미국 각지에 운송돼요. 심지어는 멀리 유럽뿐만 아니라 우리나라에도 보내진답니다. 시카고는 세계에서 가장 큰 정육점인 셈이에요.

미국 사람들은 햄버거나 프라이드치킨 같은 패스트푸드를 즐겨 먹어 비만이 사회 문제가 된 지 오래예요. 이렇듯 육류 소비량이 늘

드라이브인 패스트푸드 레스토랑
차를 탄 상태에서 패스트푸드를 주문할 수 있다.

어남에 따라 그 생산량을 늘리기 위해 숲을 초지로 바꾸고 있습니다. 심지어 어떤 햄버거 회사는 초지를 마련하기 위해 아마존 강의 열대 우림 지역을 없애기도 했어요.

이렇게 본다면, 지구촌 사람들이 자연 파괴로 말미암은 환경 재해에 시달리는 것은 미국 사람들이 햄버거를 즐겨 먹는 것과 무관하지 않습니다. 패스트푸드를 줄이는 것은 자신은 물론 지구를 살리는 작은 발걸음이 될 수 있을 거예요.

육류 소비량이 증가함에 따라 식량 문제가 심각해지는 이유는 무엇일까요?

우리가 먹는 쇠고기, 돼지고기, 닭고기 대부분은 사료를 먹여 기른 것입니다. 이 사료의 주원료는 옥수수예요. 가축들이 먹어 치우는 사료의 양은 우리가 상상하는 것보다 훨씬 더 많습니다. 소의 경우가 가장 심각해요. 실제 찌는 살보다 8배나 많은 사료를 먹여야 원하는 만큼의 고기를 얻을 수 있습니다. 그래서 사람들이 육식을 많이 하면 할수록 사료의 원료가 되는 옥수수 수요가 늘어나요. 사람이 먹어야 할 옥수수 일부를 가축들이 먹게 되니까 옥수수를 주식으로 하는 지역에서는 식량 가격이 올라 식량을 구하기가 더 어려워지지요. 또 옥수수 수요가 늘면 가격이 올라가게 됩니다. 그러면 다른 작물을 기르던 농장들이 더 많은 돈을 벌기 위해 기존에 기르던 곡물을 기르지 않고 옥수수를 기르게 되겠지요. 그렇게 되면 옥수수 이외에 다른 곡물의 공급량이 감소하게 됩니다. 공급량이 감소하면 가격이 오르게 되지요. 결국, 돈이 있어도 식량을 구하지 못하는 사태가 발생하게 되는 것입니다.

5 물의 아버지와 꽃의 땅 |
미시시피 강, 플로리다

앞에서 언급했듯이 미국에서 가장 큰 만은 '물의 어머니'라는 뜻의 체서피크 만이에요. 미국에서 가장 큰 강을 '물의 아버지'라고 합니다. 인디언 말로 미스이시피(mississippi)라고 하는 이 강은 미국에서 가장 크고 세계에서 네 번째로 긴 미시시피 강이에요. 미국에서 가장 남쪽에 있는 지역은 '꽃의 땅'이라는 뜻의 플로리다입니다. 이 지역은 마치 개의 앞발처럼 생겼답니다. 플로리다에서는 1월에도 해변에서 일광욕을 즐길 수 있지요.

- 미시시피 강 주변 지역은 미국의 주요 농업 지대로서 밀, 옥수수, 목화 등이 풍부하게 생산된다.
- 미시시피 강이 시작되는 미국 북쪽 지방은 겨울에는 몹시 춥지만, 딕시(Dixie)라고 부르는 남쪽 지방은 기후가 온화하다.
- 겨울철 휴양지로 유명한 플로리다는 대체로 기후가 따뜻해 일 년 내내 싱싱한 과일과 채소를 재배한다.
- 플로리다는 돌처럼 단단하고 뼛가루처럼 생긴 백악질 더미가 쌓여서 형성되었기 때문에 식물 성장에 유리하다.
- 매머드 동굴은 물이 석회암을 녹이는 자연 현상으로 생성된 세계 최대의 석회 동굴이다.

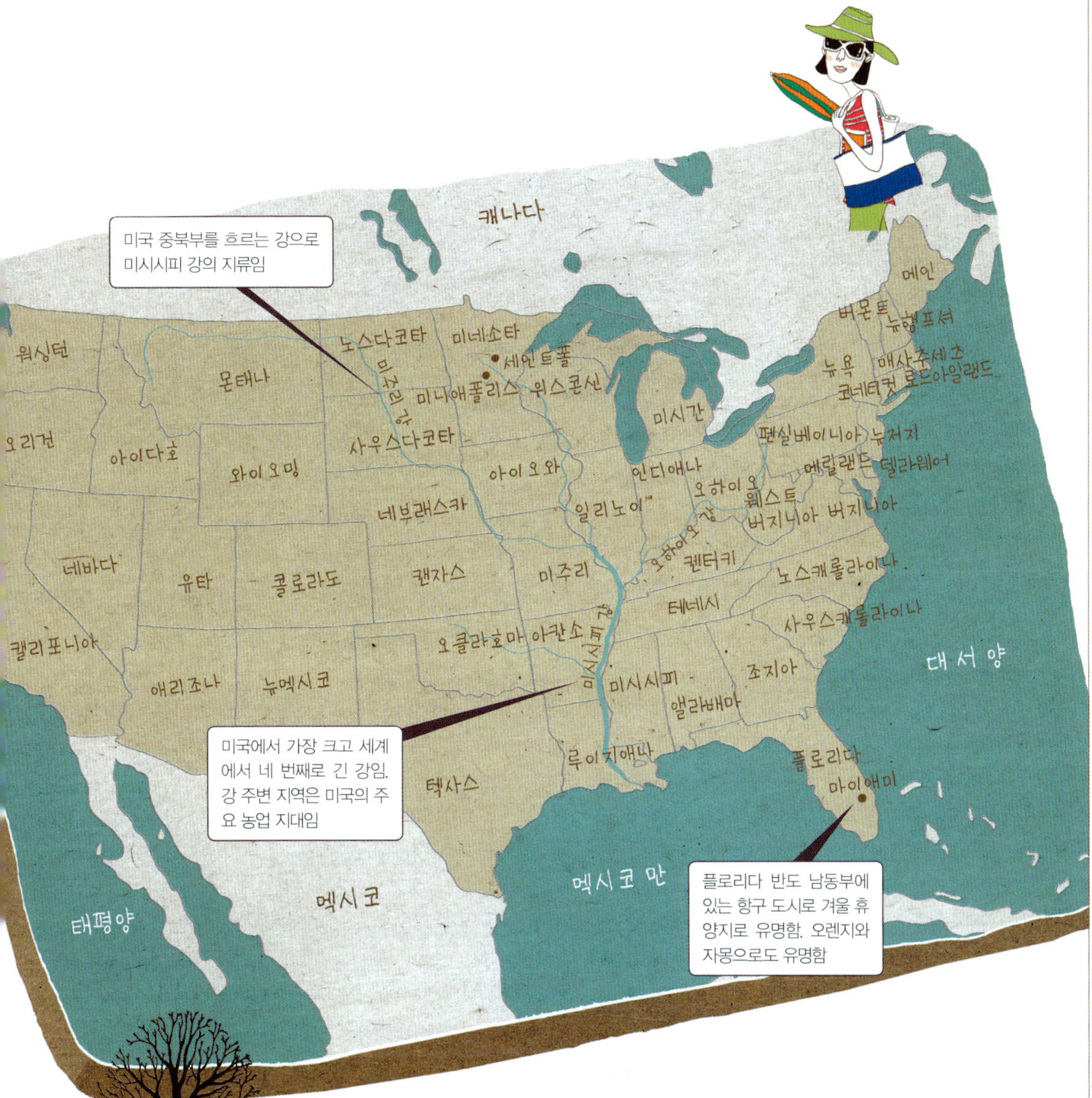

미국 최대의 강, 미시시피 강

미국에서 가장 큰 강인 미시시피 강은 미국에서 가장 높은 지대라할 수 있는 미네소타 주의 작은 호수 이타스카에서 시작합니다. 강이 이곳에서 미국의 남쪽 끝까지 흐르는 동안 중간마다 잔 물줄기가합류해 강폭이 점점 넓어져요. 그러다가 마침내 바다에서 우묵하게들어간 멕시코 만으로 빠져나가지요. 미시시피 강을 중심으로 미국영토가 둘로 나뉘지만, 양쪽의 크기가 똑같지는 않아요. 미시시피강 서쪽이 동쪽보다 약 두 배 정도 크답니다.

　미시시피 강 상류 지역에는 물건 대신 밀가루를 만드는 공장이 세워졌어요. 미시시피 강이 시작하는 곳과 주변의 여러 주에서는 세계어느 곳보다도 질 좋은 밀이 잘 자라기 때문이지요.

　밀 재배 지역인 미네소타에서는 농가 한 군데에서만도 4,000만㎡면적의 땅에서 밀을 재배합니다. 이 면적은 우리나라 여의도의 약5배가 넘는 어마어마한 크기예요. 그래서 농부가 직접 농사를 짓거나 말을 이용하는 방법으로는 그 넓은 땅에 전부 씨를 뿌리고 곡식

을 거둬들이지 못합니다. 이곳 농장에서는 보통 쟁기 열 개가 한 줄에 달린 기계로 밭을 갈아요. 또 짚에서 밀알을 털 때도 기계를 이용해서 밀을 수확하고 타작한답니다.

미시시피 강 양편으로는 쌍둥이 도시가 있어요. 두 도시는 다리로 연결되어 있고 규모가 비슷해서 쌍둥이 도시라고 불리지요. 한 곳은 '물의 도시'라는 뜻의 미니애폴리스이고, 다른 한 곳은 세인트폴이에요. 미니애폴리스 주변은 전 세계에서 밀가루가 가장 많이 생산되는 지역 중 하나지요.

오대호와 미시시피 강 주변 지역의 지명은 대부분 기독교 성인의 이름을 따거나 인디언식으로 붙여졌어요. 성직자들은 초기에 미국에 들어와서 인디언에게 기독교를 전파했습니다. 이들이 현지 인디언의 이름을 따거나 기독교 성인 이름을 따서 지명을 지은 거예요.

미시시피 강
미국 최대의 강으로 미국 중부를 북에서 남으로 흐른다.

미니애폴리스
'물의 도시'를 의미하는 미니애폴리스 일대는 세계 최대의 밀가루 생산지. 중심가는 건물과 건물이 튜브와 같은 통로로 연결되어 있다.

미시시피 강이 지나는 도시들

미시시피 강은 멕시코 만으로 빠져나가기 전에 여러 도시를 지나는데, 그중에서 가장 큰 도시는 중류 지역에 있는 세인트루이스예요. 역시나 성인의 이름을 딴 세인트루이스는 미시시피 강으로 흘러 들어가는 지류 중에서 가장 큰 두 강의 유역에 자리 잡고 있습니다. 하나는 서쪽에서 흘러 들어오는 미주리 강이고, 다른 하나는 동쪽에서 흘러 들어오는 오하이오 강이에요. 둘 다 인디언식 이름인 미주리 주나 오하이오 주와 이름이 같지요.

미주리 강은 매우 커서 미주리 강이 지류인지 미시시피 강이 지류인지 분간하기 어려울 정도예요. 사실 미주리 강의 수원에서 미시시피 강이 끝나는 지점까지 거리를 측정해 보면 미시시피 강의 길이보다 훨씬 길답니다.

미시시피 강은 하류로 갈수록 합류하는 지류가 많아지면서 강폭이 넓어져요. 또 봄에는 눈 녹은 물과 빗물이 지류를 형성해 강으로

뉴올리언스
미시시피 강 하구의 항구 도시다. 도시 지역 대부분이 해수면보다 낮아 홍수나 허리케인의 피해를 종종 입어 왔다.

흘러 들어가지요. 그 결과 강이 범람하거나 둑이 무너져 때로는 큰 홍수가 나기도 해요. 그래서 홍수가 날 만한 지점의 강 양쪽에는 물이 넘치지 못하도록 제방을 쌓았지요.

미시시피 강은 바다로 흘러 들어가기 직전에 뉴올리언스라는 도시를 지납니다. 강이 바다로 흘러나오는 지점을 강어귀라고 하는데, 미시시피 강에는 강어귀가 하나가 아니라 여러 개예요. 강물에 실려 온 엄청난 양의 토사가 바다로 나가는 길목에 쌓여서 여러 개의 진흙 섬을 만듭니다. 강물이 이런 진흙 섬을 돌아 나가는 바람에 물줄기가 여러 개 생기지요. 미시시피 강은 대평원을 자유 곡류해 범람이 잦고 하구에 새 발 모양, 즉 조족상 삼각주를 형성하고 있어요.

미시시피 강이 시작되는 미국의 북쪽 지방은 겨울에 몹시 춥지만, 점차 남쪽으로 내려오면서 기후가 온화해져요. 이렇게 따뜻한 미국의 남부 지역을 '딕시(Dixie)'라고 부른답니다. 뉴올리언스 근처는 크리스마스에도 꽃이 만발하고 사시사철 따뜻하지요.

겨울철 휴양지, 플로리다

뉴잉글랜드가 여름철 휴양지라면 플로리다는 겨울철 휴양지입니다. 플로리다 반도 남동부에는 항구 도시이자 휴양지로 유명한 마이애미가 있어요. 아름다운 해안선을 따라 줄지어 늘어선 코코스야자 가로수와 화려한 색채를 띠는 열대성 식물들이 절묘하게 조화를 이루고 있지요. 주변에는 대습지가 형성되어 있는데, 비스케인 만을 사이에 두고 마주 보는 위성 도시 마이애미비치와는 세 개의 도로로 연결되어 있어요. 또한, 플로리다 주에는 최초로 달 착륙에 성공한 아폴로 11호가 발사된 케네디 우주 센터가 있답니다.

처음 아메리카 대륙에 들어온 백인들은 젊음의 샘이 있다는 소문을 듣고 플로리다로 찾아왔어요. 나이 든 사람이 샘에서 목욕하거나 샘물을 마시면 다시 젊어진다는 것이었지요. 그러나 어느 곳에서도

마이애미

플로리다 반도 남동부에 있는 항구 도시이자 휴양지다. 해안선을 따라 화려한 색을 자랑하는 열대 식물들을 볼 수 있다.

젊음의 샘 따위는 발견되지 않았어요. 그렇다고 하더라도 나이 든 사람이 플로리다에서 겨울을 보내고 나면 다시 젊어진 기분이 드는 것만은 사실이었지요.

플로리다 사람들은 주로 휴양객이 묵는 숙박 시설을 운영하거나 신선한 채소를 길러서 추운 북부 지방으로 보내는 일에 종사합니다. 플로리다 지방은 대체로 기후가 따뜻해 서리나 눈이 내리거나 얼음이 어는 날이 거의 없어요. 그래서 일 년 내내 싱싱한 과일과 채소를 재배할 수 있지요. 플로리다 농부들이 겨울철에도 채소와 과일을 재배해서 보내 주는 덕분에 북부 사람들은 크리스마스에 딸기를 먹고 사시사철 아스파라거스와 양상추, 무 등을 먹을 수 있어요.

플로리다에서 주로 나는 과일은 서리가 내리지 않는 지역에서만 자라는 오렌지와 자몽(grapefruit)이에요. 자몽은 커다랗고 노란 포도송이 모양으로 자라는 과일이라 'grape'라는 말이 붙었지요. 플로리다는 자몽 생산량에서 세계 최고를 자랑한답니다.

동물 뼈와 껍데기로 만들어진 땅

아주 먼 과거에는 플로리다 땅이 아예 존재하지 않았습니다. 미국이 바다로 '앞발'을 내밀지 않았던 것이지요. 그러다 앞발이 자라듯이 플로리다도 서서히 모습을 드러냈어요.

당시 얕고 따뜻했던 바다 밑에는 몸통 한가운데에 돌 모양의 작은 반점이 박혀 있거나, 몸 표면이 단단한 껍데기로 덮인 수많은 작은 바다 동물들이 살고 있었어요. 이 작은 바다 동물들이 죽으면서 남긴 수없이 많은 돌 모양의 반점과 껍데기가 분필 가루처럼 하얗게 바다 밑에 가라앉았지요. 이것들은 시간이 흐르면서 점점 쌓이다가 물 위로 올라왔어요. 돌처럼 단단하고 뼛가루처럼 생긴 백악질 더미가 쌓여서 플로리다가 된 것이지요.

이렇게 형성된 토양에서는 식물이 아주 잘 자랍니다. 그래서 플로리다의 흙으로 다른 주에서 채소를 길러도 아주 잘 자라지요.

이처럼 석회질의 산호나 조개 등이 퇴적되어 굳어진 암석을 석회암이라고 해요. 즉 석회암은 바다 동물의 뼈로 만들어진 돌이지요. 가장 아름다운 돌인 대리석은 석회암이 열과 압력을 받아 변성된 암석이에요. 흔히 대리석으로는 집과 궁전을 짓거나 조각상과 비석 같은 것을 만든답니다.

석회암
석회질의 산호나 조개 등이 퇴적되어 굳어진 암석을 석회암이라고 한다.

우리가 마시거나 몸을 씻을 때 쓰는 물은 주로 '센물'이에요. 센물에서는 비누가 잘 풀리지 않지요. 땅속에 석회암이 분포한 지역에서는 탄산칼슘이 물에 녹아 센물이 돼요. 반대로 칼슘이나 마그네슘 등이 섞이지 않아 비누가 잘 풀리는 물을 '단물'이라고 하지요.

세계에서 가장 큰 석회 동굴

플로리다로 향하는 사람들은 대부분 가던 길을 멈추고 경치를 감상합니다. 특히 빼어난 경관을 자랑하는 곳으로는 땅 밑이 온통 석회암 지대인 버지니아와 켄터키가 있어요. 여기서 말하는 '경관'이란 거대한 동굴을 가리킨답니다. 켄터키 주의 동굴은 규모가 엄청나게 커서 일명 '매머드 동굴'이라고 해요. 매머드 동굴은 세계에서 가장 큰 석회 동굴로, 그 길이가 약 500km, 너비가 최대 150km, 높이가 80m에 달하지요.

우리나라에서는 태백산맥의 석회암 지대에 석회암 동굴이 많아요. 평안북도 영변군의 동룡굴, 경상북도 울진군의 성류굴, 강원도 영월군의 고씨 동굴, 충청북도 단양군의 고수 동굴 등이 유명하지요.

석회 동굴은 사람이 판 동굴이 아니라 물이 판 동굴입니다. 물은 석회암을 녹일 수 있기 때문에 거대한 동굴은 주로 석회암 지대에 형성되어 있지요. 매머드 동굴은 지하에 형성된 거대한 공간이에요. 동굴의 내부가 넓고 천장이 높아서 대형 건물이 잔뜩 들어선 도시를 고스란히 집어넣을 수 있을 정도지요. 동굴 안에서 길을 잃으면 몇 킬로미터를 헤맬 수밖에 없어요. 이곳에서는 길을 잃고 헤매다가 죽은 사람의 뼈가 발견되기도 한답니다.

매머드 동굴

세계에서 가장 큰 석회 동굴이다. 길이는 약 500km에 달하는데, 지금도 탐사를 계속하고 있어 더 늘어날 가능성도 있다고 한다. 동굴 내부는 지하 60m에서 지하 120m 깊이에 펼쳐져 있고, 곳곳에 종유석과 석순이 발달해 있다.

매머드 동굴 무른 석회질층 위에 사암층이 쌓인 후, 사암층에 침투한 물이 석회암을 녹여 형성된 것으로 추정된다.

매머드 동굴을 찾은 관광객 매머드 동굴을 보기 위해 모인 관광객들에게 한 사람이 설명하고 있다.

미시시피 강은 미국의 발전에 어떤 역할을 했을까요?

남북으로 흐르는 미시시피 강 주변 지역은 미국의 주요 농업 지대로서 밀, 옥수수, 목화, 쌀, 사탕수수 등이 풍부하게 생산됩니다. 미시시피 강은 미국 국토의 약 1/3에 해당하는 지역에 물을 공급해 농업이 발달할 수 있는 기반을 마련해 주었어요. 또 신대륙 개척 초기에 배 이외의 다른 교통수단이 발달하지 않은 상태에서 중요한 교통수단이 됨으로써 내륙 지역이 발전할 기회를 제공했지요. 미시시피 강을 따라 생산된 물자가 모이고, 배가 정박하는 지역은 큰 도시로 발전했습니다. 1711년 피츠버그에서 뉴올리언스에 이르는 항로가 개통된 후, 증기선 전성기인 1757년 1,100척 이상의 배가 하구에서 3,500km 상류에 있는 세인트폴까지 취항했어요. 뉴올리언스, 멤피스, 세인트루이스, 미니애폴리스, 세인트폴, 신시내티, 피츠버그 등의 도시는 이때 발전했습니다. 또 동쪽으로는 일리노이 강에서 운하를 이용해 오대호로 빠질 수 있고, 오하이오 강을 거슬러 올라가면 운하를 통해서 이리 호에 이르며, 다시 뉴욕과 대서양으로 나갈 수도 있었기 때문에 미국의 발전에 커다란 공헌을 한 셈이지요.

6 역마차야 달려라 |
콜로라도 주, 애리조나 주, 유타 주

오래되지 않은 과거에만 해도 미시시피 강은 미국 변방에 있었어요. 미시시피 강 너머에는 거칠고 황량한 황무지뿐이었지요. 당시에는 미국을 가로질러 태평양까지 가 본 사람이 거의 없었어요. 도중에 인디언과 야생 동물이 도사리고 있거나 험준한 산맥이 가로막고 있었기 때문이지요. 그렇다면 사람들은 왜 미국을 횡단하게 되었을까요? 또 그들은 대체 어떤 사람들이었을까요? 이들 중에는 들짐승을 사냥하던 사냥꾼도 있었고, 인디언에게 기독교를 전파하려던 선교사도 있었고, 단순히 호기심으로 황무지가 어떤 곳인지 알아보려던 사람도 있었어요. 그러던 어느 날, 태평양 연안에 있는 캘리포니아에서 어마어마한 양의 금이 발견되었다는 소문이 퍼졌습니다. 강에서 냄비로 물을 퍼 올린 뒤에 모래와 물은 버리고 금을 골라내기만 하면 된다는 것이었지요.

- 포티나이너는 1849년에 금을 찾아 서부로 떠난 사람들을 일컫는다.
- 그랜드 캐니언은 약 7,000만 년 전 융기 때 생긴 대지가 콜로라도 강에 의해 침식되어 거대한 협곡의 형태를 띠게 된 것이다.
- 모르몬교는 유타 주 솔트레이크 시티를 중심으로 대규모 관개 농업에 성공하면서 공동체 유지를 위한 발판을 마련했다.
- 세계 최초의 국립 공원이자 미국에서 가장 큰 국립 공원인 옐로스톤에는 수많은 협곡과 호수, 간헐천 등이 있다.

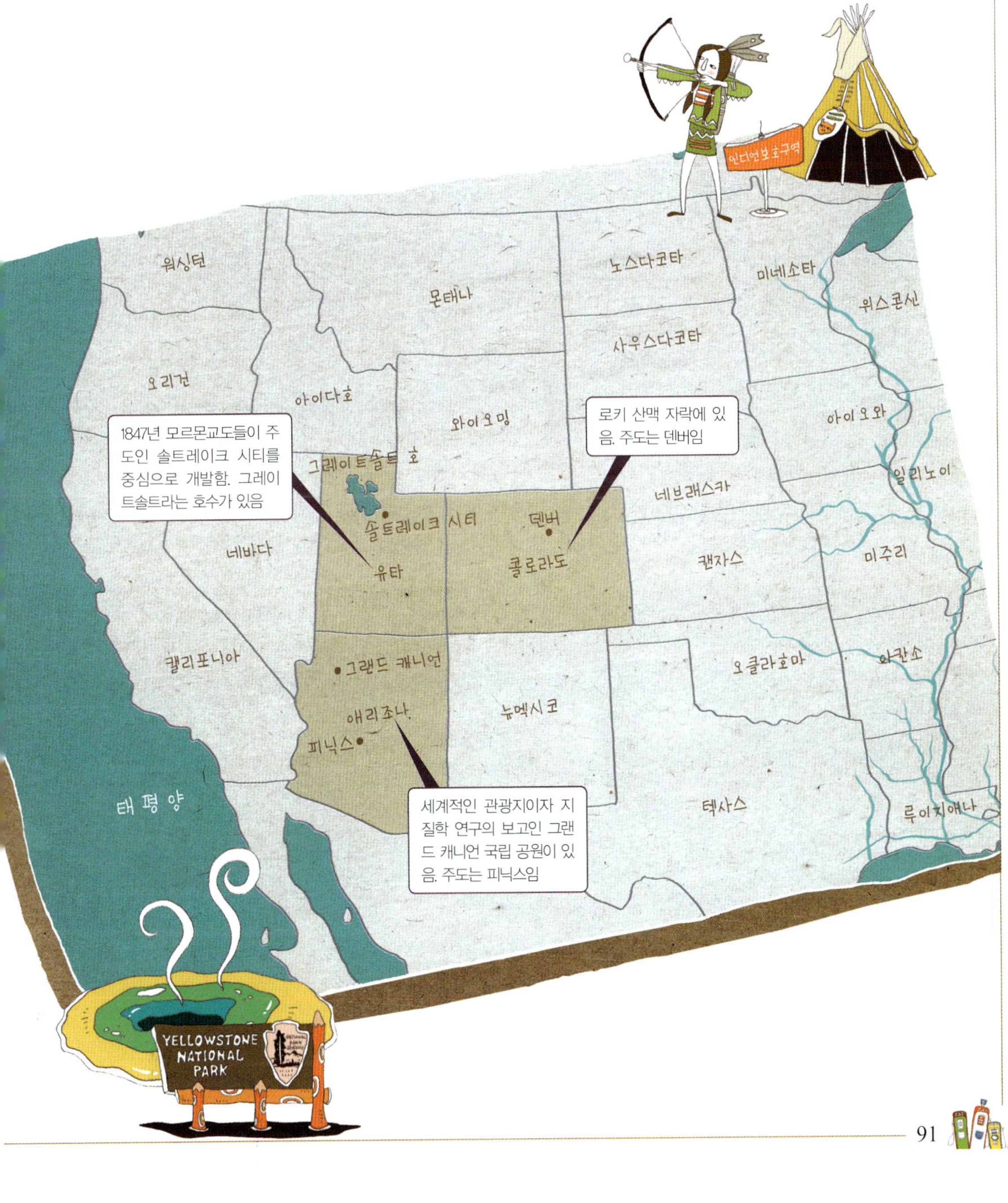

금과 은 사냥에 나서다

"금이다! 금이다!"

그 뒤로는 누가 "불이야! 불이야!" 하고 외친 것과 다름없는 광경이 펼쳐졌어요. 수천 명의 사람이 연장을 내려놓고 농사일을 팽개치고 가게 문을 닫았지요. 이들은 이부자리와 가재도구를 챙겨 마차에 싣고 마차 위에 천막을 쳐서 그 안에서 숙식할 수 있도록 준비했어요. 그러고는 총을 챙겨 들고 머나먼 서쪽으로 금 사냥에 나섰지요.

길도 없고 다리도 없고 표지판도 없어서 제대로 가고 있는지조차 알 길이 없었어요. 말 그대로 황무지를 달려간 것이지요. 이들은 몇

캘리코 은광촌
미국 서부 개척 시대를 재현해 놓은 캘리코 은광촌의 모습이다. 사람들은 금과 은을 찾아 캘리코 마을 너머로 보이는 광활한 서부 사막을 건너 이곳까지 왔다.

달이 지나도록 쉬지 않고 이동했어요. 병들어 죽은 사람, 인디언에게 살해당한 사람, 강을 건너려다 물에 빠져 죽은 사람, 굶주리고 목말라 죽은 사람까지 수많은 사람이 목숨을 잃었지요.

마침내 캘리포니아에 도착한 사람 중에는 금이나 은을 찾아 큰 부자가 된 사람도 많았어요. 1849년에 일어난 일이라서 이때 서부로 떠난 사람들을 '49년의 사람들'이라는 뜻의 '포티나이너(Fortyniner)'라고 불렀답니다.

그 후 미국을 횡단하는 도로와 철도가 놓였어요. 아무것도 없던 황무지에 큰 도시가 세워지고, 사납던 인디언도 기세가 꺾였지요. 미국은 인디언에게 일부 땅을 떼어 주고 다른 땅을 빼앗았어요.

모하비 사막의 미국 횡단 열차 세계에서 가장 긴 화물 열차가 모하비 사막을 횡단하고 있다. 모하비 사막이 염분성 토질로 이루어진 것으로 보아

오랜 옛날 바다 밑에 있다가 서서히 솟아올라 지금의 지형을 이루었다는 사실을 짐작할 수 있다(위 사진과 아래 사진이 연결됨).

캘리코 은광촌의 역마차
역마차의 하단부만 예전 모습 그
대로 재현해 놓았다.

인디언에게 내준 땅을 ‘인디언 보호 구역(reservation)’이라고 합니다. 이는 극장에서 특별한 관람객을 위해 지정된 자리를 ‘지정석(reserved seat)’이라고 하듯이 인디언에게 지정해 준 구역이라는 뜻에서 붙여진 이름이에요.

최초로 태평양 연안까지 횡단한 철도는 시카고에서 샌프란시스코까지 연결된 중부 철도였어요. 지금은 기차를 타고 시카고에서 태평양 연안까지 가는 데 북부 철도나 중부 철도, 남부 철도를 이용할 수 있지요. 한때 “젊은이여! 큰 재산을 모으려면 서부로 가라!”라는 말이 있었습니다. 수천수만 명의 젊은이들이 서부로 향했는데, 이번에는 금 사냥에 나선 게 아니라 농장을 찾으러 간 것이었어요. 1862년 미국 정부가 홈스테드 법을 마련해 누구나 자유롭게 땅을 차지하고 농작물을 기르도록 허용해 주었기 때문이지요.

검은 황금도 찾다

오클라호마와 텍사스를 중심으로 주로 미시시피 강 서쪽으로 간 사람들이 차지한 지역 중 땅에서 기름이 넘쳐 나오는 곳이 있었어요. 기름 때문에 농사도 짓지 못하고 말이나 소에게 먹일 물도 구하지 못했지요. 농부들은 농사를 포기하고 다른 지역으로 옮겨 갔어요.

올리브유와 같은 식물성 기름이나 대구 간유와 같은 동물성 기름은 음식에 넣을 수 있지만, 땅속의 바위에서 나는 광물성 기름인 석유는 음식에 쓸 수 없어요. 하지만 누군가 석유를 태워 빛과 열을 낼 수 있다는 사실을 발견한 후, 사람들은 석유로 휘발유를 만들어 자동차를 굴리기 시작했어요.

석유 때문에 농사를 짓지 못한다고 생각하던 사람들도 석유가 돈이 된다는 사실을 알게 되었어요. 유정(油井)을 파서 석유를 끌어올려야 하는 곳도 있지만, 가만히 두어도 석유가 분수처럼 분출하는 곳도 있었습니다. 이런 곳을 분유정이라고 하지요.

석유를 채취하는 모습
미국 서부 텍사스의 한 유전에서 지표면을 뚫어 석유를 채취하고 있다.

'신들의 정원'을 품은 로키 산맥

중부 철도를 따라 달리다 보면 '옥수수 주'라는 별칭이 붙은 아이오와 주가 나옵니다. 이곳은 옥수수 밭이 끝없이 펼쳐져요. 네브래스카 주를 지나는 동안에는 지대가 조금씩 높아지면서 완만한 오르막길을 따라 콜로라도 주에 이르게 되지요. 콜로라도는 '붉은색(color red)'이라는 뜻이랍니다.

콜로라도 주는 아메리카 대륙에서 가장 높은 산맥인 로키 산맥 자락에 자리 잡고 있어요. 콜로라도 주의 주도는 시카고와 태평양의 중간 지점에 있는 덴버라는 도시지요.

덴버에서 조금만 올라가면 로키 산맥 정상까지 오를 수 있어요. 다만 정상에 오를 마음과 용기가 필요하답니다. 맨 처음 파이크라는 사람이 로키 산맥 정상에 오르려고 시도하다가 중간에 그만두었어요. 그 후로 '파이크스 봉'이라는 이름이 붙었지요. 정작 파이크는 자신의 이름이 붙은 봉우리에 오르지 못했지만, 지금은 매년 수천

파이크스 봉
파이크라는 사람이 로키 산맥 정상에 오르려다가 중단한 일이 있었다. 이 일을 계기로 '파이크스 봉'이라는 이름이 붙었다.

그랜드티턴 산
높이가 4,196m에 달하는 그랜드티턴 산은 로키 산맥의 일
부인 티턴 산맥에서 가장 높은 산이다. 1929년에 국립 공
원으로 지정되었다.

명의 사람이 정상에 오르며 정상까지 몇 시간 만에 오를 수 있는지 기록을 재는 등 빨리 오르는 '묘기'를 부리기도 해요.

파이크스 봉은 높이가 4,301m나 돼서 겨울은 물론 한여름에도 눈이 쌓여 있습니다. 산꼭대기에는 공기가 희박해서 숨쉬기조차 불편하지요.

파이크스 봉에서 멀지 않은 곳에는 '신들의 정원'이 있어

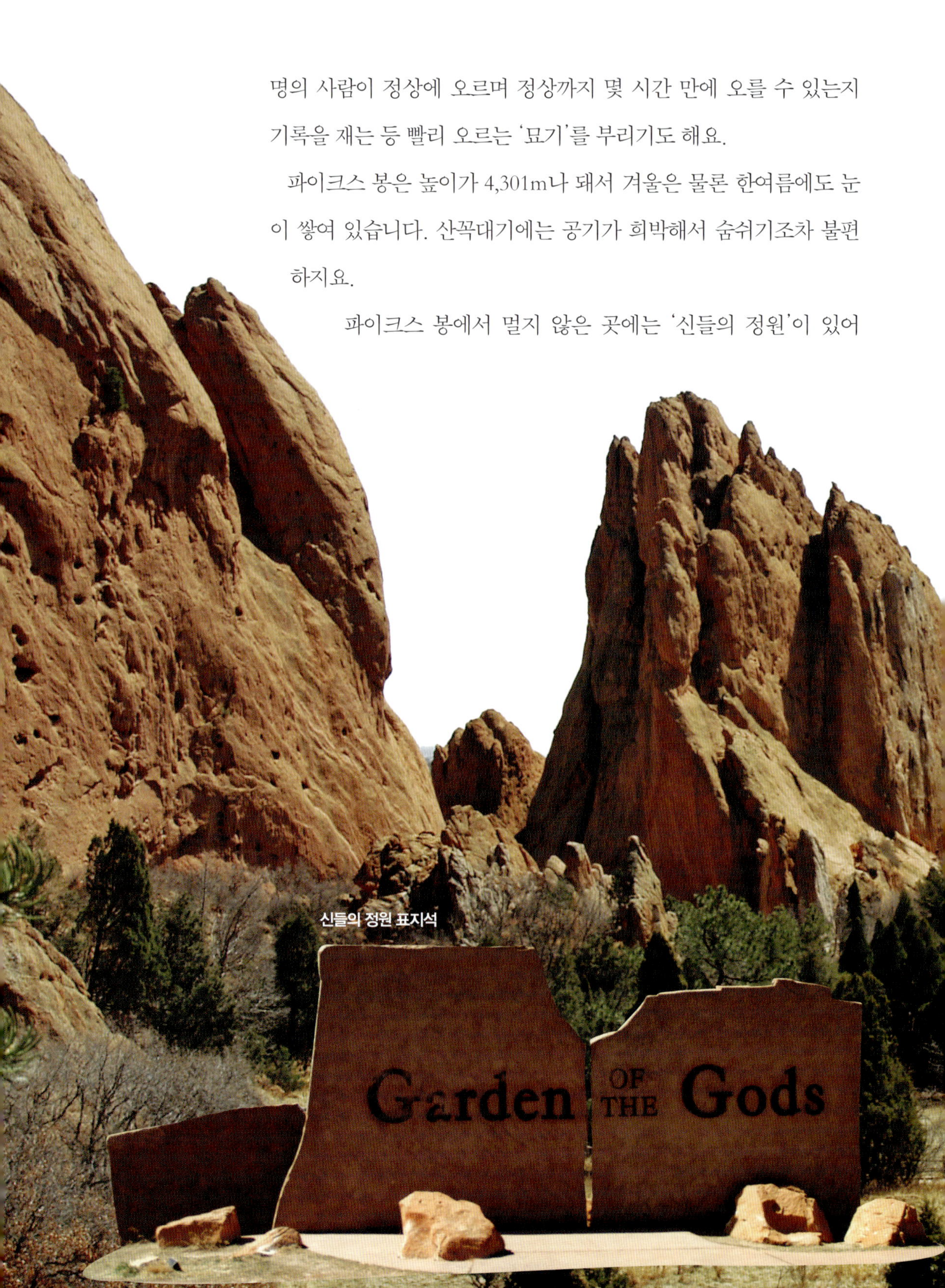

요. 실제로 정원이 있거나 신들이 사는 것이 아니라 거대한 기암절벽이 여기저기 흩어져 있어서 붙여진 이름이지요. 마치 거인 아이들이 뒤뜰에서 진흙 만두를 가지고 놀다가 이제 잘 시간이라는 소리를 듣고는 그대로 둔 채 떠나 버린 모습이에요. 이곳에는 거대한 코끼리 두 마리와 낙타 한 마리, 그리고 큰 곰 두 마리가 서로 입을 맞추는 듯한 형상 등 거대한 '진흙 만두' 수백 개가 흩어져 있답니다.

거대한 신의 협곡, 그랜드 캐니언

콜로라도 강은 세계에서 협곡이 가장 깊은 강이에요. 협곡의 너비는 6~30km이고, 깊이는 평균 1.6km나 되지요. 그랜드 캐니언 위에 올라서서 아래를 내려다보면 바닥에 흐르는 가느다란 물줄기인 콜로라도 강이 보여요. 개천처럼 작은 강이 흘러 거대한 협곡을 깎아 낸 것이랍니다.

협곡 건너편 벽은 건물 벽처럼 반듯하고 텅 빈 벽이 아니라 노란색, 빨간색, 초록색, 주황색, 자주색으로 층층이 쌓이고 햇볕과 그늘이 동시에 드리워져 있어요. 이 벽은 석회암과 사암 등으로 이루어져 있지요.

지층은 철과 구리 같은 광물 때문에 다채롭게 물들어 있어요. 아주 오랜 옛날 바닷속에 있을 때 철이 있던 지층은 녹슨 철 색깔인 붉

그랜드 캐니언
약 7,000만 년 전에 융기된 고원이 콜로라도 강의 침식을 받아 형성된 거대한 협곡이다.

은색이었고 구리가 있던 지층은 초록색이었지요.

이 거대한 협곡은 도대체 어떻게 만들어진 것일까요? 웅장한 그랜드 캐니언도 20억 년 전에는 해면의 높이와 거의 비슷한 평원에 불과했어요. 여기에 퇴적암이 쌓이고 지면이 융기하면서 로키 산맥보다 더 높고 거대한 산맥이 형성되었지요. 그로부터 5억 년 후에는 해수에 의해 침식되다가 아예 수몰되어 버렸답니다. 이 같은 융기와 수몰은 두 번 더 반복되었어요.

현재 그랜드 캐니언의 모습은 약 7,000만 년 전 융기 때 생긴 대지가 콜로라도 강에 의해 침식되어 거대한 협곡의 형태를 띠게 된 것입니다. 그랜드 캐니언은 다양한 지형의 역사가 배어 있어 지질학 연구의 대상으로 가치가 높은 장소이자 세계적인 관광지가 되고 있어요.

그랜드 캐니언과 콜로라도 강
그랜드 캐니언은 지구의 장엄한 역사를 그대로 보여 주는 거대한 협곡이다. 협곡 아래에서 흐르는 콜로라도 강이 장관을 연출한다.

'작은 바다'가 있는 유타 주

그랜드 캐니언에서 북쪽으로 올라가면 유타 주가 나옵니다. 유타 주는 1847년 모르몬교도들이 동부에서 옮겨 와 본격적인 개발에 들어갔어요. 이들은 솔트레이크 시티를 중심으로 주로 북부에서 대규모의 관개 농업에 성공했지요. 이로써 모르몬교도는 자신들의 공동체를 유지하기 위한 발판을 굳혔어요.

유타 주에는 오대호와는 종류가 다른 거대한 호수가 있어요. 오대호는 민물이지만 이 호수는 소금물이라 그레이트솔트 호라는 이름이 붙었지요. 거의 작은 바다라고 볼 수 있어요.

그렇다면 호수 물이 왜 짤까요? 강은 흐르면서 바닥에 쌓여 있는 소금을 조금씩 깎아서 물에 실어다가 바다로 보냅니다. 강은 한 번에 아주 적은 양의 소금을 실어 나르기 때문에 강물 자체는 짠맛이 나지 않아요.

그레이트솔트 호
미국 유타 주 솔트레이크 시티에 있는 호수다. 바다보다 염도가 높아 어류가 살지 않는다.

하지만 적은 양이나마 쉴 새 없이 나르다 보면 바다나 그레이트솔트 호 같은 곳에 소금이 조금씩 쌓입니다. 소금은 바다나 호수에 들어가면 빠져나올 길이 없어요. 호수의 물은 바닷물이 증발하듯이 수증기로 변해 공기 중에 흩어지지만, 소금은 증발해서 날아갈 수 없으므로 밖으로 빠져나가지 못하지요.

그레이트솔트 호는 현재 바다보다도 염도가 훨씬 높아요. 사람이든 물건이든 민물보다는 소금물에서 잘 뜨고, 물이 짜면 짤수록 더 잘 뜹니다. 따라서 그레이트솔트 호에서는 수영할 줄 모르는 사람도 물에 빠질 염려가 없어요. 물속에서 서거나 앉거나 소파에 늘어지듯 누울 수도 있답니다. 물에 앉아서 신문을 보거나 점심을 먹을 수는 있지만, 물이 눈에 들어가거나 상처 난 부위에 들어가지 않도록 특히 조심해야 돼요. 소금기가 강해서 몹시 따가울 수 있기 때문이지요.

언젠가는 바다도 그레이트솔트 호만큼 소금기가 많아질 거예요. 만약 이런 날이 온다면 바다에서 배가 난파당해도 사람이 물에 가라앉지 않고 코르크 마개처럼 둥둥 떠 있겠지요?

세계 최초의 국립 공원, 옐로스톤

그랜드 캐니언에서 북쪽으로 올라가 와이오밍 주 귀퉁이까지 가면 지도에서 주 안에 작은 주처럼 보이는 곳이 나옵니다. 이곳이 바로 옐로스톤 국립 공원이에요. 미국 정부는 법으로 정해서 보호할 목적으로 이곳을 국립 공원으로 지정했습니다. 이렇게 해서 미국 최초이자 세계 최초의 국립 공원이 탄생했어요. 공원 안에서는 사냥이 금

옐로스톤 국립 공원
세계 최초의 국립 공원이자 미국에서 가장 큰 국립 공원이다. 수많은 협곡과 호수, 간헐천, 기암괴석 등이 있으며,
사슴, 물소, 조류 등 야생 동물이 보호받고 있다.

간헐천
뜨거운 물과 수증기를 일정한 간격으로 분출하는 온천이다. 화산 지대에서 많이 나타난다.

지되어 있어서 들짐승과 새들은 사냥꾼을 두려워하지 않고 자유롭게 새끼를 기르며 살고 있지요.

이 지역의 땅속은 아직 완전히 식지 않아 지면 근처까지도 여전히 뜨겁습니다. 흔히 샘물 한 잔이라는 말을 들으면 시원한 물 한 잔을 떠올릴 거예요. 그러나 옐로스톤 국립 공원에서 나는 샘물을 벌컥벌컥 들이키면 목을 델지도 모릅니다. 옐로스톤 국립 공원에 있는 샘 수천 개는 땅속의 뜨거운 불 때문에 매우 뜨겁게 끓고 있기 때문이에요.

옐로스톤 국립 공원 안에는 옐로스톤 호라는 큰 호수가 있어요. 이곳에서는 호수에서 낚시질로 물고기를 잡은 뒤 낚싯바늘을 빼지 않은 채 그대로 온천물에 담가 익혀 먹을 수 있답니다.

땅속에서 끓는 증기 때문에 물이 튀어 올라 분수를 이루는 곳도 있어요. 이런 분수를 간헐천이라고 하는데, 이 중에는 아주 크고 아름다운 곳도 있습니다. '올드 페이스풀'이라는 간헐천은 한 시간 반마다 한 번씩 하늘로 거대한 물줄기를 내뿜어요. 물을 뿜는 간격이 아주 정확해서 누군가 옆에서 대기하고 있다가 시간에 맞춰 물을 틀었다 잠갔다 하는 것처럼 보일 정도지요. 올드 페이스풀은 처음 발견된 이후로 늘 똑같은 시간에 물을 분출했어요. 밤이든 낮이든 한 번도 빼먹은 적이 없어서 웬만한 사람보다 더 성실하답니다.

모르몬교도가 다수인
유타 주는 어떤 특징이 있을까요?

1830년 미국에서 조지프 스미스에 의해 창시된 모르몬교는 초기에 이단으로 몰려 심한 박해를 받았어요. 그래서 제2대 교주인 브리검 영은 1847년 148명의 신자를 이끌고 그동안 정착했던 일리노이 주를 떠나 약속의 땅을 찾아 나섰지요. 이들은 일 년 만에 당시 멕시코 영토였던 솔트레이크 계곡에 도달해 그곳을 정착지로 삼고 사막을 농경지로 바꿔 나갔어요. 모르몬교는 술, 담배, 커피를 금하는 대신 가족을 중시하고, 혼전 순결과 단정한 옷차림을 지키도록 하고 있습니다. 또 한 달에 하루를 금식하고 모은 성금으로 자선 사업을 하고 사회봉사를 권장하기도 하지요. 이러한 교리가 물질문명의 각종 부작용에 시달리는 현대 사회에 신선함을 주고 있어요. 그래서 유타 주는 미국 내에서 각종 기록을 가지고 있습니다. 범죄율이 가장 낮은 지역, 이혼율이 가장 낮은 지역, 최장수 지역이자 암 발생률이 가장 낮은 지역, 가장 젊은 지역이 바로 유타 주지요.

솔트레이크 시티

7 동화 속 나라 같은 곳 |
캘리포니아, 알래스카, 하와이

제일 훌륭하고 제일 크고 제일 멋지고 제일 아름다운 것이 모여 있는 곳이 있을까요? 캘리포니아에는 세계에서 제일 단 오렌지와 제일 큰 마른 자두와 제일 맛이 좋은 포도와 제일 키 큰 나무와 제일 아름다운 날씨가 있어요. 알래스카는 면적은 가장 넓지만, 인구는 가장 적은 주입니다. 하지만 일자리를 찾기 위해 몰려드는 젊은이들이 많아서 인구 증가율은 높아요. 1940년에서 1980년 사이에 인구가 무려 454%나 늘었지요. 북태평양에 있는 화산섬인 하와이는 관광지로 유명합니다. 아시아계 주민이 절반 이상을 차지해 '동서 문화의 가교'라고 불리기도 하지요.

- 캘리포니아는 지중해성 기후에 속하기 때문에 여름에 비가 잘 내리지 않지만, 콜로라도 강의 물을 끌어와 쌀 재배에 이용해 쌀 생산량이 많다.
- 세계 최대 영화 제작 도시인 할리우드는 19세기 말부터 20세기에 걸쳐 이탈리아 및 유대계 이민자들이 만든 도시다.
- 샌프란시스코와 마린 군을 연결하는 골든게이트교는 샌프란시스코가 태평양 연안 최대 무역항으로 성장하는 데 기여했다.
- 미국은 영토 확장을 위해 1867년 러시아로부터 세계 석탄 1/10이 매장되어 있는 알래스카를 매입했다.
- 미국 50번째 주 하와이는 원래 폴리네시아 민족의 땅이었다가 사탕수수 상인과 군대를 앞세운 미국의 식민지가 되었다.

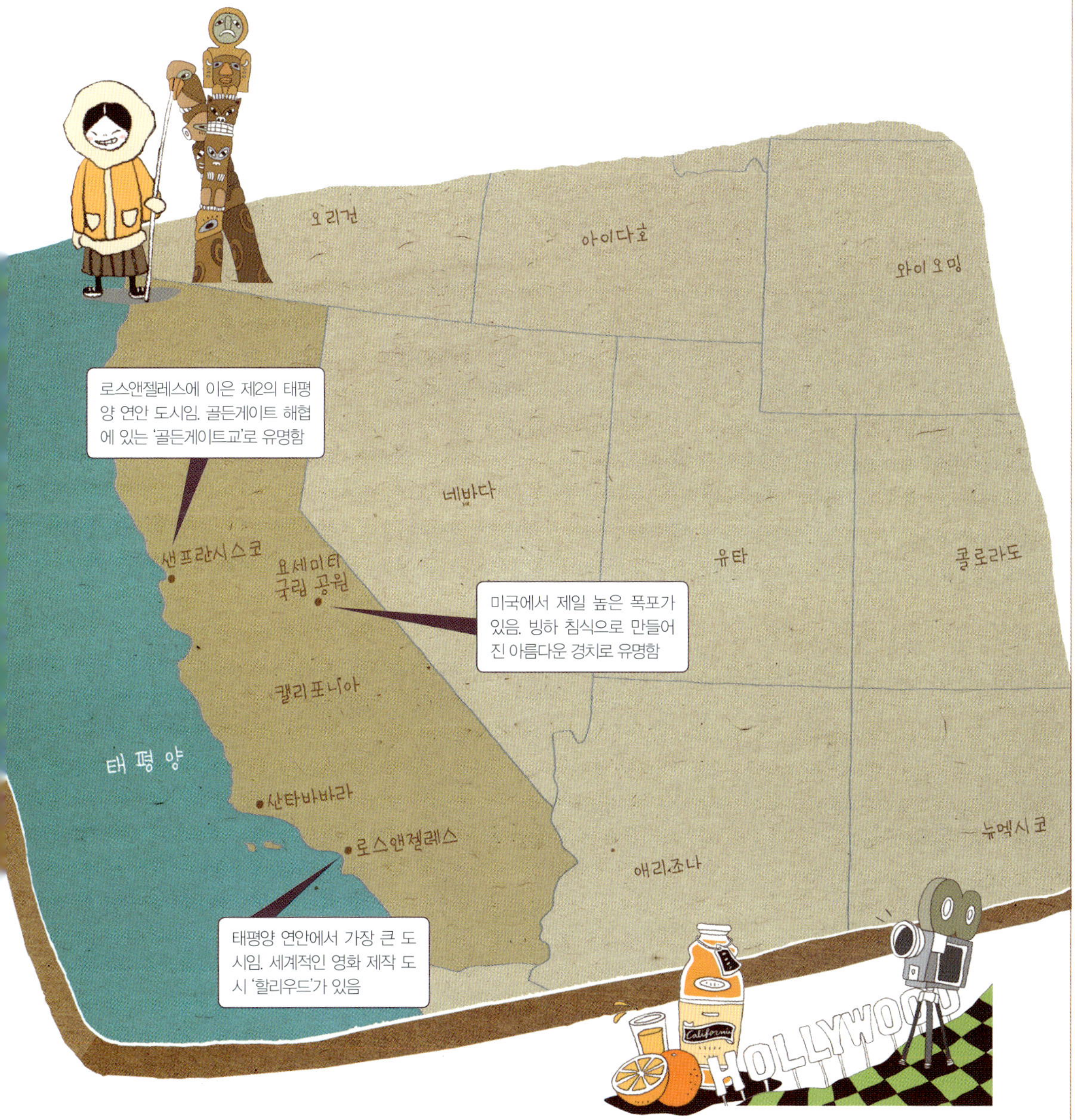

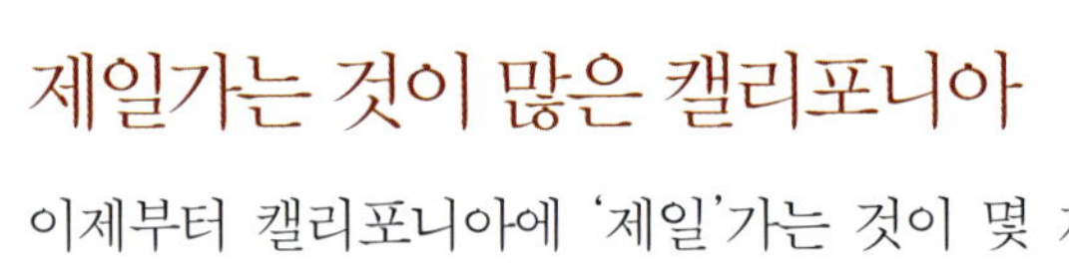

제일가는 것이 많은 캘리포니아

이제부터 캘리포니아에 '제일'가는 것이 몇 개나 되는지 알아볼까요? 우선 캘리포니아는 미국에서 '제일' 긴 주예요. 캘리포니아를 통째로 들어서 대서양 연안에 가져다 놓으면 플로리다에서 뉴욕까지 이어질 정도로 길답니다. 또 캘리포니아에는 미국 본토에서 '제일' 높은 휘트니 산이 있고, 아메리카 대륙에서 '제일' 낮은 지역이 있어요. 이곳은 해수면보다 60m가량이나 낮은 골짜기지요.

골짜기 밑바닥의 가장 낮은 지점은 몹시 건조하고 뜨

거워서 동식물이 살기 어려운 곳이에요. 하지만 뜨거운 것을 좋아하는 뿔도마뱀과 도마뱀은 예외지요.

골짜기 깊숙이 뜨거운 곳을 '죽음의 계곡'이라고 해요. 누구도 근처에 가지 않으려고 하는 곳이지요. 오래전 이곳에 금을 찾으러 들어갔다가 길을 잃은 사람도 있고, 지름길을 따라 골짜기 건너편으로 올라가려고 들어갔다가 더위와 갈증으로 죽은 사람도 있어요. 그래서 '죽음의 계곡'이라는 이름이 붙은 것이랍니다.

캘리포니아에는 '죽음의 계곡'처럼 으스스한 곳도 있지만, 요세미

요세미티 국립 공원
미국 3대 국립 공원 중 하나로 빙하 침식이 만들어 낸 절경으로 유명하다. 요세미티는 원래 원주민 말로 '회색 곰'을 지칭하는데, 그래서인지 이곳에는 곰이 많다.

노란별 엉겅퀴

세쿼이아 나무

요세미티 폭포 높이 739m의 3단 폭포다. 물은 안개처럼 흩어지는 형태로 떨어진다.

하프 돔 위에 서 있는 암벽 등반가들

하프 돔

면사포 폭포 높이는 189m, 너비는 12m의 좁고 긴 형태를 한 폭포다. 물이 떨어지면서 생겨나는 하얀 물보라가 마치 신부의 면사포처럼 보인다.

티 계곡처럼 아름다운 곳도 있어요. 이 계곡은 속이 깊은 여물통처럼 생겼는데, 높은 언덕에서 물이 넘쳐 계곡으로 쏟아집니다. 물이 떨어지면서 바닥에 닿기도 전에 물보라를 일으키기 때문에 신부의 거대한 베일과 같은 장관을 이룬다고 해서 '면사포 폭포'라는 이름이 붙은 폭포도 있어요.

요세미티 계곡으로 떨어지는 폭포 중 대여섯 개는 나이아가라 폭포보다 높아요. 그중에서 두 개는 1km 남짓의 높이를 곤두박질치듯 떨어지며 아메리카 대륙에서 가장 높은 폭포를 이루지요. 즉 '제일' 아름다운 계곡과 '제일' 높은 폭포인 셈이에요.

그 밖에도 캘리포니아에는 '제일' 달콤한 오렌지와 '제일' 신 레몬, 그리고 '제일' 큰 자몽이 있습니다. 이 과일들은 원래 캘리포니아에서 난 것이 아니라 다른 지역에서 캘리포니아로 들어온 것이에요. 백인이 들어오기 전에 아메리카 대륙에는 오렌지나 레몬, 자몽 같은 과일이 없었지요.

캘리포니아에 제일 먼저 정착한 백인은 스페인에서 온 사람들이었어요. 오렌지와 레몬이 지천으로 자라는 스페인에서 온 그들은 오렌지와 레몬 묘목을 들여와 캘리포니아와 플로리다에 심어 기르기 시작했답니다.

캘리포니아는 여름에 비가 잘 내리지 않는 지중해성 기후 지역에 속해 오렌지 나무가 잘 자랍니다. 이곳은 쌀이 많이 생산되는 것으로도 유명하지요.

대개 비가 많이 내리는 지역에서 잘 자라는 쌀이 어떻게 캘리포니아에서 생산되는 것일까요? 그 이유는 엄청나게 많은 양의 물을 끌어들여 쌀 재배에 이용하기 때문이에요. 미국 서부의 로키 산맥에는 언제나 눈이 쌓여 있는데, 이 눈이 녹은 물은 콜로라도 강으로 흘러듭니다. 캘리포니아 사람들은 콜로라도 강에서 그 물을 끌어와 쌀농사에 이용하지요.

콜로라도 강
미국 서부 로키 산맥의 많은 눈이 녹아 내려 콜로라도 강으로 흐른다. 캘리포니아 사람들은 콜로라도 강물을 농경지에 끌어 들여서 대규모 쌀농사에 이용한다.

일 년에 400일이 맑은 곳, 로스앤젤레스

스페인식 이름이 붙여진 도시로는 천사라는 뜻의 로스앤젤레스가 있고, 성인의 이름을 딴 도시로는 성 프란체스코의 이름을 딴 샌프란시스코와 성 바르바라를 딴 산타바바라가 있습니다. 성인의 이름을 딴 이유는 이 지역에 들어온 스페인 사람 중에는 곳곳에 선교 교회를 세운 사제가 적지 않았기 때문이에요.

로스앤젤레스는 현재 태평양 연안에서 가장 큰 도시입니다. 이곳에는 세계에서 제일 큰 영화 제작 도시인 할리우드가 있어요. 원래 할리우드는 19세기 말부터 20세기에 걸쳐 이탈리아계와 유대계 이민자들이 만든 도시랍니다.

여러분도 잘 알다시피 일 년은 365일입니다. 그런데 할리우드는

할리우드 거리
우리에게 친숙한 '찰리 채플린'과 '마릴린 먼로', '슈퍼맨' 복장을 한 사람들을 쉽게 볼 수 있는 곳이다.

베버리힐스
로스앤젤레스 서쪽에 있는 베버리힐스는 원래 인디언이 거주했던 도시다. 근처에 할리우드가 있어 고급 주택 단지가 형성되어 있다.

일 년에 400일가량 맑은 날씨를 보이는 꿈나라 같은 곳이라는 말이 있어요. 그만큼 영화를 찍기에 가장 적합한 날씨라는 뜻이지요. 온종일 비가 내려서 영화 촬영 일정에 차질이 생기면 영화 제작비가 부담스러워질 거예요. 하지만 할리우드에서 촬영하면 이런 부담이 많이 줄어들게 되지요.

할리우드가 최고의 영화 제작 도시가 된 데는 일조량이 많은 부분을 이바지했지만, 주변 자연 경관이 다채롭다는 점도 한몫했어요. 가령 배가 나오는 장면이나 해전 장면을 찍고 싶으면 바다로 나가기만 하면 됩니다. 낙타와 아라비아 사람이 등장하는 사막 장면을 찍고 싶으면 해변 모래사장으로 가기만 하면 되지요. 또 열대 지방을 찍고 싶으면 야자수와 꽃을 찍기만 하면 돼요. 겨울 장면을 찍고 싶을 때는 가까운 산에 오르면 사시사철 쌓인 눈과 얼음을 볼 수 있지요.

언덕 위의 도시, 샌프란시스코

샌프란시스코는 태평양 연안을 따라 로스앤젤레스 북쪽에 있고, 면적은 로스앤젤레스의 절반 정도예요. 1906년에 일어난 대지진으로 도시 전체가 흔들렸습니다. 지진은 단 몇 분 동안 일어났지만 도시 전체를 강타했어요. 땅이 갈라지고 건물들이 성냥갑처럼 무너지는 바람에 수많은 사람이 죽었지요.

그러나 가장 끔찍했던 것은 지진 때문에 난로와 램프가 넘어져 전례 없이 큰 화재가 일어났다는 사실이에요. 이 화재로 도시 대부분이 불에 타 사라져 버렸답니다. 이러한 끔찍한 재앙 속에서도 사람들은 보험료를 모아 도시 재건에 힘썼어요.

샌프란시스코에는 훌륭한 항구 중 하나인 샌프란시스코 항이 있

습니다. 태평양에서 들어오는 배는 골든게이트 해협이라는 만을 통해 이 항구로 들어가지요.

골든게이트 해협에 있는 현수교인 골든게이트교(금문교)는 샌프란시스코와 마린 군을 연결합니다. 1937년에 완공한 이 다리는 샌프란시스코의 상징이에요.

샌프란시스코는 수많은 언덕 위에 세워진 도시예요. 도로의 경사가 심해서 자동차로 다니기는 쉽지 않은 곳이지요. 하지만 언덕 위에 지은 집에서는 바다나 항구, 골든게이트 해협 등 아름다운 경관을 한눈에 내려다볼 수 있답니다.

샌프란시스코의 상징으로 불리는 골든게이트교는 샌프란시스코와 맞은편의 마린 군을 연결한다.
주변 경치와 조화를 이루어 세계에서 가장 아름다운 다리로 손꼽힌다.

720만 달러에 구입한 알래스카

알래스카는 눈부신 빙하와 아름다운 오로라, 얼음집을 짓고 사는 에스키모로 잘 알려진 신비의 땅입니다. 어느 날 갑자기 한밤중에 북쪽 하늘 전체에 불의 장막이 드리우고, 땅에서 하늘 높이 불길이 번쩍이며 솟아오른다고 상상해 보세요. 이런 장엄한 광경을 북극광이라고 합니다. 북극광은 알래스카 지방에서는 흔히 볼 수 있지만, 먼 남쪽 지방에서는 볼 수 없는 광경이에요. 이전에 보거나 들어 본 적이 없는 사람에게는 무시무시하게 느껴질 수도 있지만, 북극광은 석양이나 무지개와 다름없는 자연 현상이랍니다.

알래스카는 너무 춥고 멀어서 찾아가기 어려움에도 미국은 러시아에 불과 720만 달러를 지급하고 알래스카를 사들였어요. 당시 미국인들은 빙하로만 뒤덮여 있고 전혀 쓸모가 없는 땅을 사는 데 국고를 낭비했다고 비난하며 알래스카를 '스워드의 냉장고'라고 불렀지요. 당시 러시아와 협상한 국무장관 스워드의 이름을 따서 알래스카를 '스워드의 냉장고'라고 부른 거예요.

그렇다면 미국은 왜 알래스카를 산 것일까요? 바로 물고기를 잡고 동물의 모피를 얻고 금을 캐기 위해서 사들인 거예요. 1880년대부터 1890년대 사이에 알래스카에서 금이 발견되자 미국인의 정착이 크게 촉진되었고, 1912년에는 의회의 인준을 받아 알래스카 준주가 되었지요.

금은 마법의 주문과 같아요. 포티나이너의 시대처럼 수많은 사람이 알래스카로 향했습니다. 이들은 알래스카에서 금이 난다는 소문을 듣고 모든 걸 팽개친 채, 땅을 팔 삽 한 자루와 금을 걸러 낼 체만

달랑 들고 머나먼 길을 나섰어요. 크게 한몫 챙기기를 바라는 마음으로 떠난 것이지요.

그러나 성경에 나오는 어리석은 천사같이 램프는 가져가면서도 램프를 켤 기름은 챙기지 않은 사람이 많았어요. 알래스카에서 살아가는 데 필요한 물건을 아무것도 챙겨 가지 않은 것이었지요. 금을 캘 지역에는 먹을 것이나 먹을 것을 살 가게가 없었어요. 조금이나마 영악한 사람들은 음식을 통조림에 담아 가져가기도 했지요.

어리석게 금만 캐러 온 사람들이 금을 캐면 영악한 사람들은 통조림 음식을 팔고 대가로 금을 받았어요. 이들은 통조림 하나의 수백 배가 넘는 값어치의 금을 요구했고, 금을 캐는 사람들은 금을 내주지 않으면 굶어 죽을 판이라 어쩔 수가 없었습니다. 결국, 영악한 사

매킨리 산과 원더 레이크
알래스카 산맥의 매킨리 산은 북아메리카에서 가장 높은 산이다. 원래 이름은 디날리 산이었는데, 디날리는 알래스카 어로 '위대한 것'이라는 뜻이다.
거울처럼 맑은 원더 레이크와 만년설이 덮여 있는 매킨리 산이 장관을 연출한다.

오로라
라틴 어로 '새벽'을 의미하는 오로라는 아름다운 석양이나 무지개와 다름없는 자연 현상이다.
주로 극지방에서 관찰되고, 북극광 혹은 남극광이라고도 한다.

람들은 어리석은 사람들이 캔 금을 몽땅 챙겼고, 어리석은 사람들은 그나마 다시 고향 땅을 밟기만 해도 다행인 지경이 되었지요.

현재 미국은 세계 석유 매장량 13위를 차지하고 있어요. 알래스카에 엄청난 양의 석유가 매장되어 있기 때문이지요. 더군다나 알래스카에 매장된 석탄은 전 세계 석탄의 1/10에 달한답니다.

외톨이 섬들의 모임, 하와이 제도

태평양 중앙에는 미국의 50번째 주인 하와이 제도가 있습니다. 하와이는 파인애플이 많이 나기로 유명해요. 하와이의 주도인 호놀룰루는 훌륭한 수영 선수를 많이 배출한 도시이기도 하지요. 호놀룰루 사람들은 물에서 많은 시간을 보냅니다. 그래서 어린아이들도 눈부신 와이키키 해수욕장에서 자유자재로 수영하고 파도타기를 하지요.

하와이는 본래 폴리네시아 민족의 땅으로 여왕이 다스린 왕국이었으나, 사탕수수 상인과 군대를 앞세운 미국의 식민지가 되었어요. 하와이는 20세기 초 한국계 미국인 1세대가 사탕수수나 파인애플을 재배하는 농장에서 노동자로 근무하면서 독립운동 지원과 자녀 교육에 헌신한 곳이기도 하지요.

'하와이' 하면 떠오르는 건 바로 정열적인 훌라춤입니다. 옛날에는 종교 의식 때 주로 남자들이 이 춤을 추었어요. 서양인들이 하와이로 이주한 후부터는 춤의 성격이 오락적인 무용으로 바뀌었지요. 훌라춤은 사모아와 타히티 섬 원주

하와이
상공에서 하와이를 내려다본 모습이다. 하와이는 여러 섬이 모여 형성된 '제도'다.

훌라춤
'춤을 춘다'는 뜻의 훌라는 고대 하와이 음악에 따라 발생한 하와이 전통 무용이다.

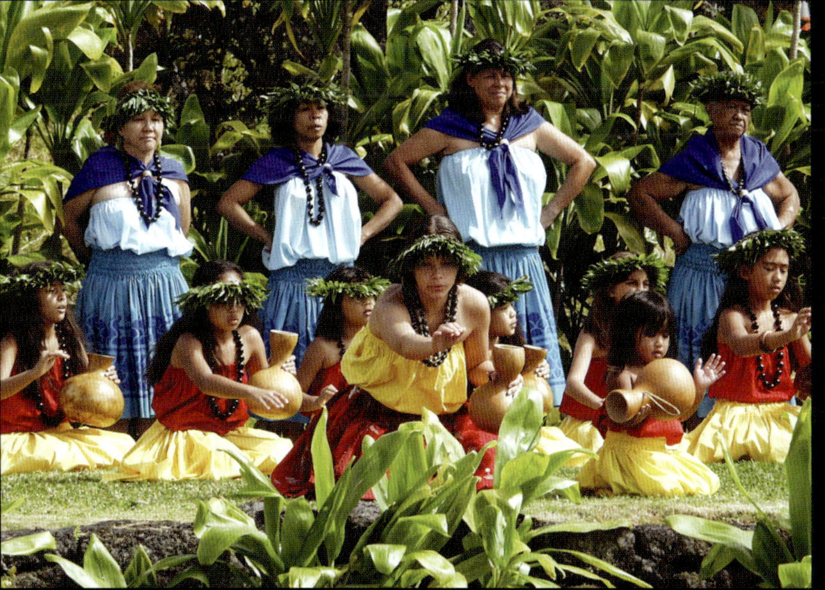

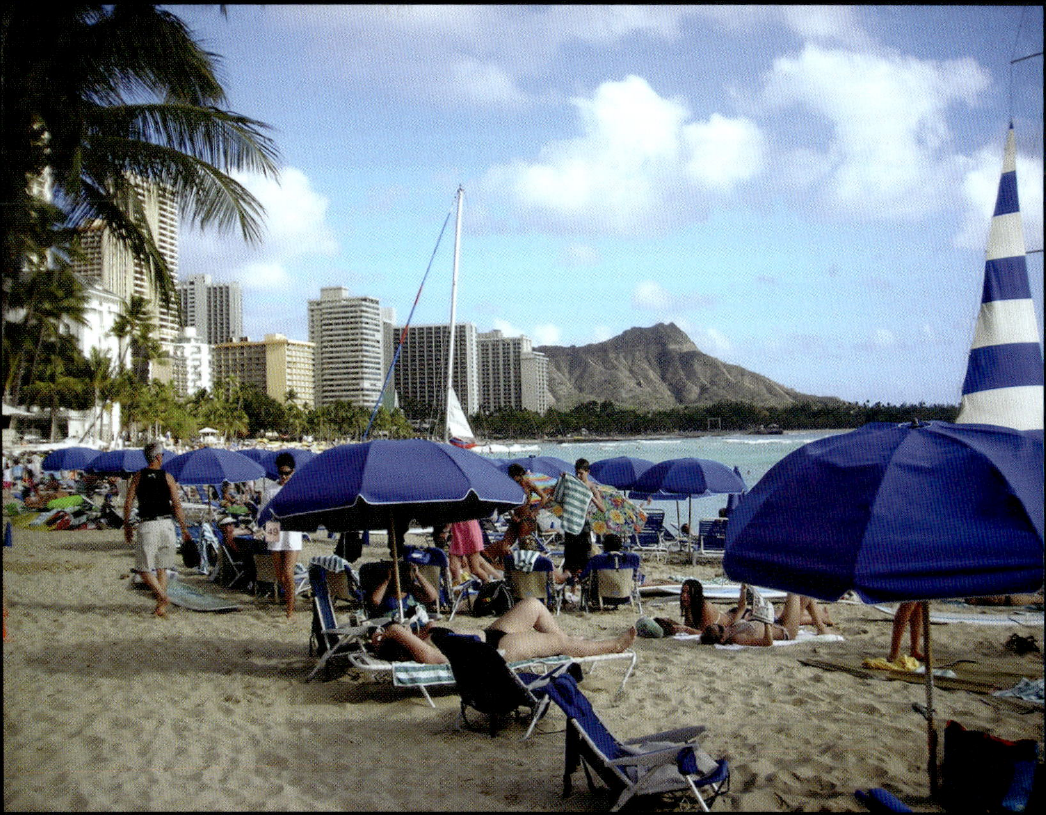

와이키키 해수욕장 하와이 최고의 해수욕장 와이키키의 모습이다. 호놀룰루 사람들은 물에서 보내는 시간이 많다. 그래서 어린아이들도 수영과 파도타기에 능숙하다.

민의 춤과 비슷한데, 잔걸음질을 하면서 허리 부분을 떠는 것이 특
징이에요. 이 춤을 출 때는 손과 팔이 흐늘흐늘할 정도로 유연해 보
인답니다.

호놀룰루 사람들은 방문객 머리에 화환을 씌워 주는데, 호놀룰루
를 떠날 때는 언젠가 다시 오겠다는 의미로 화환을 벗어서 바다에
내던져야 해요. '알로하'는 하와이에서 가장 많이 듣는 말로 '안녕하
세요, 반갑습니다. 안녕히 가세요, 신의 가호가 있길' 등을 의미합니
다. 자, 그럼 우리도 이쯤에서 미국과 알로하!

하와이가 파도타기로 유명한
이유는 무엇일까요?

하와이 오하우 섬의 노스 쇼어에서는 해마다 11월에서 2월 사이에 파도타기 대회가 열립니다. 대회 날짜는 따로 정해진 것이 아니라 파도 높이가 6m 이상 되는 날을 골라 대회 직전에 정하지요. 이곳의 파도 높이는 상상을 초월해요. 거대한 파도의 고랑을 타고 다니는 서퍼들의 재주가 신기할 따름이지요. 파도가 높게 일 때에는 바람이 심하게 불게 마련인데 노스 쇼어에서는 바람이 없는데도 엄청난 파도가 몰려오는 것이 참 신기합니다. 이 파도는 남반구에서 오는 것이에요. 남위 40~50° 부근 해역에서 거대한 저기압이 형성되면서 폭풍을 일으키는데, 그 폭풍이 만든 파도가 하와이까지 에너지를 유지하면서 밀려오는 것입니다. 파도가 발생한 지점부터 하와이까지는 파도를 가로막을 만한 큰 지형이 거의 없어요. 그래서 계속 에너지를 유지하며 이동할 수 있는 것이지요.

8 담장 없는 이웃 | 캐나다

'담'장이 튼튼해야 좋은 이웃이 된다'는 말이 있지만, 이웃도 이웃 나름입니다. 캐나다와 미국의 국경에 담장이 있었다면 8,800km나 되는 긴 장벽이 되었을 테지만 실제로 담장은 없어요. 지도에 가상의 경계선만 있을 뿐이지요. 미국과 캐나다는 늘 좋은 이웃으로 지내면서 이제껏 한 번도 다툰 적이 없어요. 캐나다는 미국보다 영토가 넓지만 인구는 적습니다. 캐나다 전체 인구를 다 합쳐도 뉴욕 주 인구의 세 배 정도에 불과하지요. 캐나다의 북쪽 지방은 겨울이 되면 몹시 추워서 캐나다 인구의 대다수가 미국과의 국경 근처로 내려와 살아요. 미국과 가까운 지역에 사는 사람들은 미국 사람들과 비슷한 산업에 종사하고 비슷한 농산물을 재배하지요. 일례로 캐나다는 미국을 제외하면 세계에서 가장 밀을 많이 재배하는 나라랍니다.

- '7년 전쟁'에서 영국이 승리하면서 캐나다는 영국 식민지가 되었다가 1867년에 독립했다.
- 영국 연방국인 캐나다는 엘리자베스 2세 영국 여왕이 국가 원수인 입헌 군주국이다.
- 그린란드 북동부에서 시베리아 연안까지 흩어져 사는 에스키모는 캐나다 동부 래브라도 반도에 많이 모여 산다.

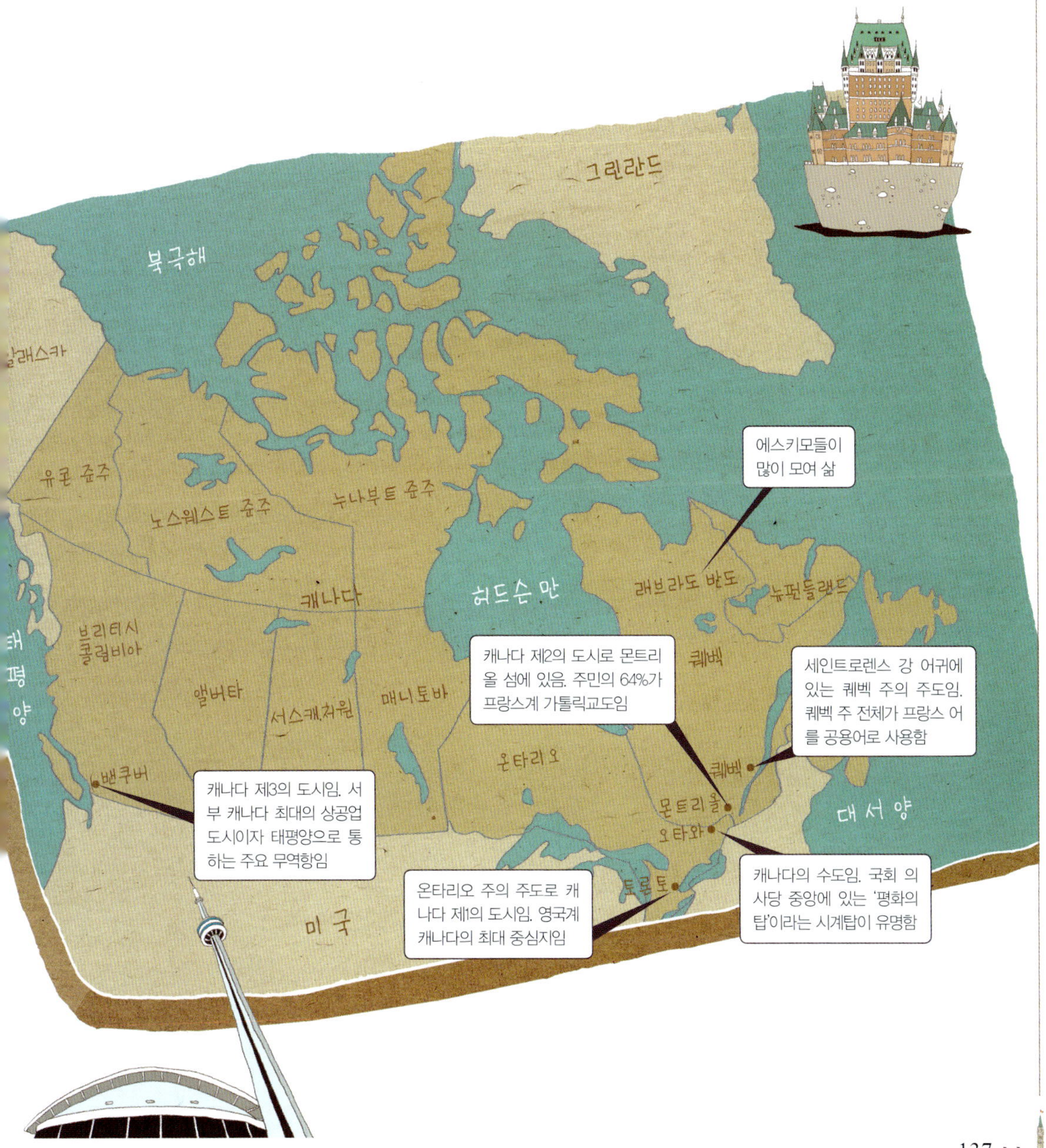

캐나다 속의 프랑스, 퀘벡

옛말에 '찾은 사람이 임자'라는 말이 있어요. 캐나다는 원래 프랑스가 먼저 찾아냈지만, 영국이 우격다짐으로 빼앗았지요.

캐나다는 열 개의 주와 세 개의 준주로 구성된 연방 국가입니다. 퀘벡 주의 주도는 퀘벡인데, 세인트로렌스 강 어귀의 만이 갑자기 좁아진 지점에 발달한 항구 도시예요. 퀘벡은 인디언 말로 해협이나 갑자기 좁아진 지점을 뜻합니다.

캐나다의 공용어는 영어와 프랑스 어인데, 퀘벡 주만 프랑스 어를 공용어로 사용하고 있어요. 왜일까요? 1535년 프랑스 탐험가인 자크 카르티에가 이곳을 최초로 찾았습니다. 처음으로 이곳에 정착촌을 형성한 사람도 역시 프랑스 탐험가인 샹플랭이었지요. 이후 잇달아 이주해 온 프랑스 사람들은 요새를 짓고, 농장이나 목장 같은 것도 만들었어요. 그들이 지은 요새 중에서 세인트로렌스 강이 내려다보이는 언덕에 서 있는 샤토 프롱트낙 성은 특히 아름답기로 유명하답니다.

1663년 프랑스의 루이 14세가 이곳에 뉴 프랑스라는 새로운 식민지를 세우면서 모피 무역이 활발히 이루어졌어요. 캐나다와 영국은 모피 무역의 주도권을 놓고 갈등을 빚다가 결국 1756년 전쟁을 벌였습니다. 1759년 영국군은 프랑스군을 물리치고 퀘벡을 점령한 뒤, 1763년에 프랑스로부터 캐나다의 소유권을 넘겨받았어요. 프랑스계 주민의 반란을 우려한 영국은 억지로 영어를 강요하지 않고 프랑스 어 사용을 인정하는 등 유화책을 썼지요.

루이 14세(1638∼1715년)
1663년 '뉴 프랑스'를 프랑스 식민지로 선언했다. 사진은 퀘벡 시 루아얄 광장에 있는 루이 14세의 흉상이다.

퀘벡은 신문 용지의 제조를 비롯해 금속, 조선, 펄프 등의 공업이 발달했어요. 이곳의 곡물과 석유의 거래가 활발하다고는 하지만, 공업과 무역에서는 새롭게 발전하고 있는 몬트리올을 앞지르지 못한답니다.

몬트리올은 캐나다 제2의 도시로 남부의 세인트로렌스 강 어귀의 몬트리올 섬에 자리 잡고 있습니다. 1959년 세인트로렌스 수로가 개통되어 항만으로서의 역할이 커지자 몬트리올 상류 쪽으로도 대형 외항선이 드나들게 되었어요.

이곳 주민의 64%가량은 프랑스계 가톨릭교도입니다. 몬트리올에는 성당이 많은데, 그중 노트르담 성당과 성 요셉 성당이 유명해요. 높이 232m의 몽루아얄 꼭대기에 자리 잡고 있는 성 요셉 성당은 특

퀘벡의 샤토 프롱트낙 성
세인트로렌스 강이 내려다보이는 언덕에 있는 성이다. 제2차 세계 대전 당시 미국 루스벨트 대통령과 영국
처칠 수상이 노르망디 상륙 작전을 결정한 회담 장소이기도 하다.

시타델 요새
시타델 요새 성벽 위쪽으로 샤토 프롱트낙 성이 우뚝 서 있다. 이 성은 퀘벡 구시가지에서 가장 높은 곳에 있어 어디서나 그 모습을 볼 수 있다.

CN 타워

토론토의 상징으로 불리는 CN 타워는 높이 533m의 세계에서 두 번째로 높은 탑이다. 맑은 날에는 전망대에서 토론토 시내 전경은 물론 나이아가라 폭포까지 조망할 수 있다.

CN 타워 전망대의 유리 바닥에 누운 엄마와 아기

CN 타워 전망대에서 내려다본 토론토 시내의 모습

이하게도 성모 마리아가 아니라 남편인 요셉을 성인으로 모시고 있지요.

온타리오 호 북쪽 연안에 있는 토론토에는 높이 533m의 세계에서 두 번째로 높은 탑인 CN 타워가 있습니다. 이곳의 전망대는 360°로 천천히 회전하기 때문에 한곳에 서서 토론토의 전망을 모두 내려다볼 수 있어요. 유리로 만들어진 전망대의 바닥에 올라서면 마치 허공을 걷는 것처럼 아찔한 긴장감을 느낄 수 있지요.

캐나다의 빅 벤

미국에 주가 있듯이 캐나다에도 주가 있지만, 그 수는 열 개밖에 되지 않아요. 각 주에는 주의회 · 주정부 · 주총리가 있고, 중앙 정부의 총독이 임명하는 부총독이 있지요.

캐나다에서 가장 중요한 주는 온타리오 호의 이름을 딴 온타리오 주예요. 온타리오 주는 온타리오 호 외에도 미시간 호를 제외한 오대호의 나머지 호수와 접해 있지요. 온타리오 주에는 캐나다의 수도인 오타와가 있어요.

오타와에는 영국의 빅 벤과 흡사한 시계탑이 있습니다. 시계탑이 있는 건물은 캐나다의 국회 의사당이에요. '평화의 탑'으로 불리는 이 시계탑은 제1차 세계 대전에서 전사한 6만 명의 캐나다 군인들의 명복을 빌기 위해 세워졌습니다. 여름에 이곳에서는 매일 위병 교대식이 열려요. 위병들은 영국 버킹엄 궁전의 위병과 같은 복장을 하고 있지요.

캐나다 국회 의사당에 가면 마치 영국에 있는 것 같은 착각이 듭

엘리자베스 2세 동상
오타와 국회 의사당 오른쪽에 있다. 캐나다는 영국 식민지로 있다가 캐나다 자치령으로 독립한 영국 연방국이다. 따라서 국가 원수는 엘리자베스 2세 영국 여왕이다.

오타와 국회 의사당
캐나다를 상징하는 오타와 국회 의사당에는 영국의 빅 벤과 흡사한 시계탑이 있다. '평화의 탑'으로 불리는 이 시계탑은 제차 세계 대전에서 전사한 6만 명의 캐나다 군인들의 명복을 빌기 위해 세워졌다. 여름에 이곳에서는 매일 위병 교대식이 열린다.

센테니얼 플레임
오타와 국회 의사당 앞에는 제1차
세계 대전 전몰장병들을 추모하
는 꺼지지 않는 불이 설치되어 있
다. 1967년 첫 불꽃을 점화한 후
지금까지 타오르고 있다.

니다. 그 이유가 궁금하다고요? 입헌 군주국인 캐나다는 영국의 식민지였다가 캐나다 자치령에 따라 독립한 영국 연방국이에요. 따라서 캐나다의 국가 원수는 엘리자베스 2세 영국 여왕이지요. 이제 캐나다의 국회 의사당이 왜 영국의 국회 의사당과 닮았는지 짐작할 수 있을 거예요.

나무의 나라, 얼음의 나라

캐나다는 북쪽으로 올라갈수록 기온이 점점 떨어져요. 북쪽 끝에는 사시사철 잎이 떨어지지 않고 푸른빛을 뿜내는 소나무와 가문비나무 등이 자라지요. 이런 나무를 상록수라고 하는데, 상록수는 재질이 부드러워요.

상록수와 달리 북쪽에서 잘 살지 못하는 나무가 있어요. 겨울이면 잎이 지는 떡갈나무와 단풍나무지요. 떡갈나무로는 주로 가구를 만들고, 단풍나무로는 주로 종이를 만들지요.

캐나다 동부에 있는 래브라도 반도는 에스키모가 많이 모여 사는 지역 중 하나예요. 그린란드 북동부에서 시베리아 연안까지 흩어져 사는 에스키모는 인디언과 인종이 같고, 에스키모와 인디언 모두 몽골 인종과 연결된답니다.

캐나다 국기와 단풍나무
캐나다 국기는 단풍잎 모양 때문에 '메이플 리프 플래그(Maple Leaf Flag)'로 불린다.

어떻게 아메리카에 몽골 인종이 살게 되었을까요?

아메리카를 여행하다가 원주민을 만나게 되면 이들의 모습이 우리와 너무 닮아 놀라게 됩니다. 인디언이라 불리는 아메리카 원주민들은 몽골 인종에 속해요. 그래서 우리처럼 머리와 눈동자가 검고 코가 뭉툭하며 어렸을 때 엉덩이에 몽고반점이 선명하게 나타나지요. 아시아 지역에 널리 분포하던 몽골 인종이 아메리카로 건너가게 된 것은 마지막 빙하기의 끝인 약 1만 3,000년 전으로 거슬러 올라갑니다. 이때는 아시아와 아메리카 사이에 있는 베링 해가 육지로 드러나 있어 걸어서 아메리카로 건너갈 수 있었을 거라 추측하고 있어요. 이후 베링 해가 바다에 잠겨 더는 걸어서 건너기 어려웠던 수천 년 동안 아메리카 원주민들이 아시아에서 건너갔다고 합니다. 이 사실을 더욱 확실하게 설명해 줄 수 있는 것이 DNA 조사예요. 아메리카 원주민의 조상은 동아시아 인류의 DNA와 공통된 부분이 발견되어서 기존 학설에 더욱 힘을 실어 주게 되었답니다.

에스키모(이누이트) 여성

7 보존과 개발의 딜레마, 라틴 아메리카

라틴 아메리카는 앵글로아메리카와 대비되는 용어로, 아메리카에서 과거에 라틴 민족의 지배를 받았던 지역을 통틀어 이르는 말이에요. 즉 라틴 아메리카는 중앙아메리카와 남아메리카를 모두 포함한 개념이지요. 라틴 아메리카의 서부에는 남북으로 길게 뻗은 안데스 산맥이 있어요. 험준한 이 산맥 때문에 동서 간 교통의 장벽과 기후 차이가 생기지요. 하지만 이보다 두드러지는 것은 열대 산지에서 나타나는 기후의 수직적 분포 현상이에요.

콜럼버스가 아메리카 대륙을 발견한 이후 스페인과 포르투갈 사람들은 지하자원 개발을 목적으로 이곳으로 이주하기 시작했습니다. 그래서 이 지역은 일찍이 서양 제국주의 국가들에 의해 빠르게 개척되었어요. 그러나 대부분 나라는 아직도 저개발 지역으로 남아 있답니다.

이 지역에는 오래전부터 인디오들이 살아 잉카 문명, 마야 문명, 아스테카 문명 등 찬란했던 고대 문명이 꽃을 피웠습니다. 이러한 인디오의 전통문화에 유럽의 라틴 문화와 아프리카의 흑인 문화가 유입되었어요. 유럽 문화의 전파로 주민 대부분은 가톨릭을 믿게 되었고, 브라질은 포르투갈 어를, 나머지 국가들은 스페인 어를 사용하게 되었지요.

멕시코 만
멕시코
쿠바
아이티 도미니카 공화국
자메이카
벨리즈
과테말라 온두라스
엘살바도르 니카라과
카리브 해
코스타리카
파나마
볼리바르 베네수엘라
가이아나
수리남
기아나(프)
콜롬비아
기아나 고지
에콰도르
아마존 강
아마존 분지
태평양
페루
브라질 고원
안데스
볼리비아
브라질
칠레
파라과이
아르헨티나
우루과이
대서양

1 고산에서 피어난 꽃 | 인디오 문화

인디오는 정착 농경 생활을 하면서 자신들만의 독특한 문화를 탄생시켰습니다. 이것이 바로 잉카 문명, 마야 문명, 아스테카 문명이에요. 이들은 옥수수와 감자 등을 재배하는 농업을 바탕으로 이러한 문화를 탄생시켰지요. 하지만 농업이 발달한 것에 비해서 가축 사육은 빈약했어요. 인디오는 안데스 지역을 중심으로 야마와 알파카 등을 많이 사육했습니다. 야마는 수송 수단과 식용으로 주로 사용되었고, 알파카는 털을 제공하는 데 유용했지요. 또 이들은 건축 기술이 뛰어나 마추픽추와 같은 훌륭한 문화 유적을 남겼어요.

- 스페인과 포르투갈이 광산 개발 및 작물 재배를 목적으로 아프리카 흑인을 수입하는 과정에서 라틴 아메리카 원주민의 토착 문화가 파괴되고 변화가 일어났다.
- 라틴 아메리카에서는 포르투갈 인이 15세기에 플랜테이션을 시작했고, 흑인 노예 제도가 도입되면서 플랜테이션이 여러 지역으로 확산되었다.
- 공업 발달이 미약했던 라틴 아메리카는 최근 풍부한 자원과 노동력을 바탕으로 발전하고 있다. 하지만 자원 개발에 따른 환경 문제로 진통을 겪고 있다.

유럽이 라틴 아메리카를 뒤섞다

콜럼버스가 아메리카 대륙을 발견한 이후, 유럽 각국은 주로 경제적인 목적을 위해 라틴 아메리카에 식민지를 개척하고 유럽 문화를 전파하기 시작했습니다.

유럽과의 전쟁, 강제 노역, 전염병 등으로 이곳 원주민 수가 급격히 줄어들었어요. 그러자 광산 개발이나 작물 재배를 위한 노동력이 필요했던 스페인과 포르투갈은 아프리카 흑인을 수입했습니다. 이 과정을 거치면서 원주민의 토착 문화는 대부분 파괴되었고, 유럽 문화와 아프리카의 흑인 문화가 뒤섞여 독특한 문화가 생겨났어요.

하지만 고대 문명이 꽃을 피웠던 안데스 산지에는 아직도 원주민 문화의 흔적이 많이 남아 있습니다. 아르헨티나와 우루과이 등에서

마야 문명 마스크
원주민 문화의 흔적을 반영하기 때문에 역사적으로 귀한 자료다.

는 남부 유럽적인 성격이 두드러지고, 흑인들이 많이 이주했던 카리
브 해 연안과 브라질 북동부 지역은 아프리카적인 요소가 많이 나타
나지요.

특히 종교와 언어는 유럽의 영향이 강했습니다. 현재 라틴 아메리
카 대부분 국가는 가톨릭교를 믿고 스페인 어를 사용하고 있어요.
하지만 포르투갈의 식민지였던 브라질은 포르투갈 어를 쓰고 있지
요. 주민 구성도 복잡해 원주민인 인디오와 유럽 인, 흑인, 그리고
이들 사이의 혼혈이 된 메스티소, 물라토, 삼보 등이 섞여 있어요.
메스티소는 백인과 아메리카 원주민, 물라토는 백인과 흑인, 삼보는
흑인과 아메리카 원주민의 혼혈 인종이랍니다. 유럽에서 이주해 온
백인들은 정치·경제의 주도권을 장악해 사회의 상류층을 이루고
있지만, 원주민이나 혼혈인들은 농촌이나 도시의 빈민가에서 생활
하고 있지요.

플랜테이션 농장에 맺힌 눈물

플랜테이션은 유럽 인이 제공한 자본과 원주민이나 흑인의 값싼 노동력이 결합해 상품 작물을 대규모로 재배하는 농업 형태예요. 유럽 인에게 필요한 사탕수수, 커피, 바나나 등 열대성 기호 작물을 주로 재배하지요. 라틴 아메리카의 플랜테이션은 15세기에 포르투갈 인에 의해서 시작되었어요. 처음에는 인디오 거주 지역에 전파되었고, 흑인 노예 제도가 도입되면서 여러 지역으로 확산되었지요.

플랜테이션은 기업적으로 운영되는 대규모 농장이고 효율적으로 경영되어서 생산성이 높아요. 하지만 원주민이나 흑인 노예들의 노동력 착취가 심했지요. 18세기에는 무려 600만 명이 넘는 아프리카 흑인 노예가 아메리카 땅으로 끌려왔어요. 그리고 재배 과정에서 농약이나 비료를 사용하기 때문에 토양이 척박해지고 식량 생산을 위한 토지가 줄어드는 문제점이 있답니다.

라틴 아메리카의 경제는 전적으로 농업에 의존하고 있습니다. 브라질, 멕시코, 콜롬비아 등에서 많이 생산되는 커피는 대표적인 상품 작물이에요. 이 지역은 기후가 따뜻하고 비옥한 화산회토가 많아

브라질의 커피나무 꽃(왼쪽)
브라질은 세계 제일의 커피 생산국이자 수출국이다.

사탕수수
세계에서 사탕수수를 가장 많이 재배하는 곳은 쿠바와 브라질이다. 특히 브라질은 광대한 경작지를 바탕으로 사탕수수 산업에 박차를 가하고 있다.

커피나무가 자라기에 적당하지요. 최근 브라질에서는 커피 재배 농장에서 목화나 카카오를 함께 재배하기도 합니다. 과테말라, 자메이카 등에서는 바나나를 많이 생산하고, 쿠바와 브라질에서는 사탕수수를 많이 재배하지요.

자원 개발과 환경 문제의 딜레마

라틴 아메리카에는 석유를 비롯해 철, 구리, 주석 등 각종 지하자원이 풍부하게 매장되어 있습니다. 석유는 볼리바르 베네수엘라와 멕시코가 세계 수출량의 약 10%를 차지하고 있어요. 철광석과 망간은 브라질에 풍부하게 매장되어 있는데, 미나스제라이스 주의 이타비

칠레 추키카마타의 구리 광산
칠레는 전 세계 구리 생산량의 약 30% 이상을 생산하고 있다. 특히 추키카마타 광산은 세계 최대의 구리 광산 중 하나다.

라가 세계적인 철광 산지지요. 구리는 칠레나 페루에서 많이 산출되고, 내륙 고원의 볼리비아에서는 주석이 많이 납니다. 특히 추키카마타의 구리 광산은 세계 최대의 구리 광산 가운데 하나지요. 그 밖에도 카리브 해 연안의 자메이카와 남아메리카의 가이아나, 수리남에서는 보크사이트가 많이 나옵니다.

라틴 아메리카는 풍부한 지하자원에 비해 자본과 기술이 부족하고, 사회적·정치적으로 불안정해 공업 발달이 미약한 편이었어요. 하지만 최근 멕시코, 브라질, 아르헨티나에서는 풍부한 자원과 노동력을 바탕으로 공업 발전에 힘쓰고 있답니다. 그러나 이 지역의 주요 지하자원이 대부분 열대 우림 지역이나 고산 지대에 매장되어 있어서 자원 개발에 따른 환경 문제가 함께 나타나고 있어요.

멕시코의 수도인 멕시코시티의 스모그 현상이 대표적이에요. 멕시코시티는 해발 4,000m 높이의 산으로 둘러싸인 분지라서 오염 물질이 외부로 잘 빠져나가지 않는 데다 급속한 도시화와 공업화가 이루어지면서 세계적인 공해 도시라는 오명을 쓰게 되었지요. 또한, '지구의 허파'라고 불리는 아마존 강 유역의 열대 우림은 광산 개발 때문에 크게 훼손되고 있어요. 아마존 강 유역에서 가장 아름답고 깨끗했던 타파조스 강도 금광 때문에 지금은 흙탕물이 되었지요.

라틴 아메리카에 남아 있는
아프리카 문화에는 어떤 것이 있을까요?

아메리카를 점령한 유럽 인들은 담배, 사탕수수, 면화 등의 작물을 재배하는 데 필요한 노동력을 보충하기 위해 아프리카에서 노예들을 데려왔습니다. 주로 카리브 해 섬 지역과 브라질, 미국 남부 지역에 많은 흑인이 거주했어요. 특히 카리브 해 지역은 인구의 85% 이상이 흑인 노예들이었다고 합니다. 노동의 고단함과 향수를 달래기 위해서는 춤과 음악이 필요했어요. 아프리카 사람들의 삶을 보여 주는 다큐멘터리 등을 보면 가운데 모닥불을 피워 놓고 현란한 북소리에 맞추어 춤추는 장면이 많이 등장합니다. 라틴 음악도 다양한 타악기를 사용해 경쾌한 아프리카 리듬을 만들어 내지요. 쿠바의 손(son), 푸에르토리코의 봄바(bomba), 콜롬비아의 쿰비아(cumbia)와 바예나토(vallenato), 볼리바르 베네수엘라의 탐보르(tambor), 도미니카 공화국의 메렝게(merengue) 등의 춤과 음악에는 아프리카적 요소들이 많이 들어 있어요. 1960년대 중반 뉴욕에서 쿠바와 푸에르토리코 출신의 음악가들이 주가 되어 만들어 낸 음악이자 춤인 '살사' 역시 그 바탕에는 아프리카적인 요소가 강하게 남아 있답니다.

2 전쟁 신의 나라 | 멕시코, 중앙아메리카

미국 남쪽에는 아즈텍 족의 전쟁 신인 멕시틀리의 이름을 딴 멕시코라는 나라가 있습니다. 라틴 아메리카 국가 중 가장 북쪽에 있는 멕시코에서는 최소 2만 년 전부터 인류가 살았다고 추정하고 있어요. 그래서인지 마야, 올멕 등과 같은 훌륭한 문명이 연이어 탄생하기도 했지요. 또한, 멕시코는 석유와 천연가스 등 자원이 풍부해 일찍부터 공업이 발달했어요. 멕시코의 은 생산량은 세계 1위이고, 석유 생산량은 세계 5위랍니다. 지리적으로 아메리카의 중앙에 있는 중앙아메리카는 북아메리카와 남아메리카를 잇는 징검다리에 해당합니다. 이 지역은 북아메리카의 남쪽 부분으로 정의되기도 해요.

- 리오그란데 강은 건조 지대를 가로질러 흐르기 때문에 때에 따라 마른땅이 드러난다. 이때 미국에서 멕시코로 걸어서 넘어갈 수 있다.
- 라틴 아메리카 인구의 70%가량을 차지하는 메스티소는 라틴 아메리카의 스페인계 백인과 인디오의 혼혈 인종을 말한다.
- 멕시코시티는 해발 2,300m의 고원에 있기 때문에 연중 서늘하지만, 스모그가 분지에 가득 차 있다.
- 파나마 지협에 갑문 수로 형식의 파나마 운하가 건설되면서 사람들은 태평양과 대서양을 건널 수 있게 되었다.
- 중앙아메리카는 과테말라와 온두라스, 엘살바도르, 니카라과, 코스타리카, 파나마와 벨리즈를 포함한 지역이다.

멕시코와 뉴멕시코

미국에서 캐나다로 국경을 넘을 때는 다른 나라로 넘어간 게 실감 나지 않아요. 미국과 캐나다는 인종도 같고 언어도 같기 때문이지요. 그러나 미국에서 멕시코로 국경을 넘어갈 때는 인종과 언어가 확연히 달라서 다른 나라로 넘어간 걸 분명히 느낄 수 있어요. 멕시코는 원래 대서양 건너 스페인의 식민지였지만 지금은 독립국이랍니다.

미국과 캐나다의 경계선에는 평화의 돌이 서 있어요. 두 나라 사이에는 한 번도 분쟁이 일어난 적이 없었지요. 하지만 미국과 멕시코의 국경에는 높은 장벽이 있고, 두 나라 사이에는 여러 차례 분쟁이 일어났어요. 미국의 텍사스 주, 뉴멕시코 주, 애리조나 주는 원래

멕시코 땅이었지요.

그러면 멕시코와 뉴멕시코 주는 서로 어떤 관계를 맺고 있을까요? 뉴멕시코 주는 텍사스 주와 애리조나 주 사이에 끼어 있으면서 동시에 멕시코와 국경을 맞대고 있어요. 뉴멕시코 주라는 지명은 개척자들이 멕시코처럼 금이 많이 나오기를 기원하면서 붙였다고 합니다.

텍사스와 멕시코 사이에는 '큰 강(River Grand)'이라는 뜻의 리오 그란데(Rio Grande) 강이 흐르고 있어요. 이 강은 건조한 지대를 가로질러 흐르기 때문에 때에 따라 강이 흐르던 자리에 마른땅이 드러나지요. 그래서 특정한 지역에서, 혹은 특정한 시기에 미국에서 멕시코로 걸어서 넘어갈 수 있답니다.

라틴 아메리카의 주인공, 메스티소

백인이 아메리카에 들어왔을 때 아메리카에는 인디언이 각지에 흩어져 살고 있었어요. 백인이 인디언을 외진 곳으로 점점 더 멀리 밀어낸 탓에 지금 미국에는 인디언 수가 극히 적습니다. 그래서 실제로 인디언을 본 적이 없는 어린이도 많지요. 백인이 멕시코에 들어왔을 때 멕시코에도 인디오가 많았어요.

백인인 스페인 사람이 인디오와 결혼한 결과, 현재 멕시코 사람은 일부가 스페인계이고, 그보다 많은 사람이 인디오계이며, 가장 많은 사람이 스페인과 인디오 사이에서 태어난 혼혈이에요. 라틴 아메리카의 스페인계 백인과 인디오와의 혼혈 인종인 메스티소는 라틴 아메리카 인구의 약 70%를 차지한답니다.

미국인의 생활 양식은 영국과 비슷해요. 하지만 멕시코는 스페인

어를 쓰고 가톨릭교가 주를 이루는 등 스페인과 생활 양식이 비슷하지요.

스페인 사람들은 처음 멕시코에 들어왔을 때 은 장신구를 한 인디오를 보고 멕시코에 은이 많을 거라는 사실을 알아챘습니다. 이들은 원래 금을 찾으러 멕시코에 들어왔지만, 곧장 은을 캐기 시작했어요. 백인이 멕시코에 처음 발을 디딘 이후 500여 년이 지난 지금까지도 멕시코는 은을 가장 많이 생산하는 나라입니다. 미국의 로키 산맥과 연결된 시에라마드레 산맥에는 은광이 널리 분포해 있지요.

덥지도 춥지도 않은 멕시코시티

시에라마드레 산맥 계곡에는 사발 모양으로 멕시코의 수도인 멕시코시티가 자리 잡고 있어요. 멕시코시티는 남쪽에 있지만, 해발 2,300m의 높은 산에 있기 때문에 사시사철 덥지도 춥지도 않습니다. 하지만 산소 부족으로 공장과 자동차의 연료가 완전히 연소하지 못해 가스 성분의 스모그가 분지에 가득 차 있지요.

국제 연합의 보고에 의하면, 멕시코시티는 현재 세계에서 대기 오염이 가장 심각한 곳이에요. 지금도 오염된 대기 속에서 빈민가의 아이들이 뛰어다니고 있을지도 모릅니다.

멕시코 원주민은 빛나는 과거를 가지고 있어요. 몇몇 부족이 문명의 꽃을 피웠는데, 특히 우리에게 잘 알려진 부족은 지금으로부터 약 1,500년 전에 고대 도시 국가를 이룩한 마야 족과 13세기에 북쪽에서 멕시코시티 부근에 남하했던 아즈텍 족이지요.

멕시코시티에서 북동쪽으로 한 시간 정도 차로 달리면 고대 아메리카의 최대 도시 국가로 알려진 테오티우아칸의 유적을 만날 수 있어요. 태양과 달의 피라미드가 세워졌던 이 위대한 도시는 아스테카 제국이 형성될 무렵 갑자기 사라지고 말았지요.

아즈텍 족이 건설한 테노치티틀란은 '신이 머무는 곳'이라는 의미

테오티우아칸
고대 아메리카의 최대 도시 국가다. 태양과 달의 피라미드가 세워졌던 이 위대한 도시는 아스테카 제국이 형성될 무렵 갑자기 사라지고 말았다.

를 지니고 있습니다. 테노치티틀란은 20만 명에서 30만 명 정도의 인구가 살던 거대한 도시였지만, 스페인 장군 코르테스에게 정복당해 폐허가 되었어요. 이 자리에 멕시코시티가 건설되었지요.

멕시코 만 쪽의 해안 지방은 기온과 습도가 매우 높아서 꼭 필요한 경우가 아니면 아무도 그곳에서 살려고 하지 않았어요. 그런데 탐피코라는 도시 근처의 해안선을 따라 거대한 석유 호수가 발견되면서 사람들이 몰려들기 시작했습니다. 이들은 유정을 파고 석유를 퍼 올렸어요. 바다와 가까운 곳에 유정이 있어서 석유를 유조선에 채워 미국을 비롯한 세계 각지로 운반할 수 있었지요.

가깝지만 먼 곳, 대서양과 태평양

중앙아메리카에서 가장 가느다란 지점은 나뭇가지에서 잎으로 연결되는 줄기처럼 생긴 파나마 지협이에요. 파나마 지협의 한쪽 편은 대서양이고 반대편은 태평양이랍니다.

대서양과 태평양 사이에 이처럼 좁고 긴 땅이 가로놓여 있어서 배는 이곳을 곧바로 건너지 못하고 남아메리카의 남쪽 끝을 돌아서 항해해야만 했어요. 또 북아메리카의 북쪽 끝으로 가는 길은 육지와 얼음이 가로막고 있어서 북쪽으로 돌아서 가는 일은 불가능했지요.

공사 중인 파나마 운하(1913년)
운하가 완성되기 직전의 공사 현장 모습이다. 1914년 8월 15일에 운하가 완성되기까지 프랑스와 미국은 엄청난 인명과 재산 피해를 감수해야 했다.

아주 좁은 땅 때문에 먼 길을 돌아갈 형편이었어요. 자동차를 타고 가다가 강에 이르렀는데 다리는 없고 '1만km를 돌아가시오.'라는 표시판만 서 있는 셈이지요.

그래서 사람들은 먼 길을 돌아가지 않을 방법을 찾으려고 했어요. 배에 바퀴를 달아 건너는 방법을 제안한 사람도 있었지요. 대형 엘리베이터로 배를 물 밖으로 꺼내서 대형 트럭에 실어 반대편 바다까지 보낸 다음 다시 대형 엘리베이터로 바다에 내려놓자는 의견이었어요.

공사 중인 파나마 운하(1907년)
운하 공사가 재개되었던 1907년의 공사 현장 모습이다. 미국은 2만 4,000명의 노동자를 투입해 공사를 재개했고, 이 과정에서 약 5,000명이 희생되었다.

차라리 지협을 통하는 운하를 뚫어서 한쪽 바다에서 다른 쪽 바다로 곧바로 항해하는 것이 훨씬 쉬워 보였습니다. 지도상으로는 아주 간단한 일처럼 보였어요. 하지만 지도상으로는 작은 지협이라 해도 실제로는 50km가 넘었고, 도중에 산도 가로막고 있었지요. 게다가 태평양과 대서양의 높이 차가 컸어요. 그래서 갑문 형식의 수로를 건설할 수밖에 없었지요.

중앙아메리카에는 여러 번 지진이 일어났는데, 그중 한 지진 때문에 파나마 지협에 금이 갔습니다. 그러나 북아메리카와 남아메리카

를 완전히 끊어 놓지는 못했어요. 그랬다면 아주 편리했겠지만 지진이란 원래 원하지 않는 곳을 파괴하지요.

결국에는 긴 운하를 파 본 경험이 있는 프랑스가 파나마 지협을 통과하는 운하를 파기 시작했어요. 파나마 지협은 사람이 살기에 적합하지 않은 곳이었습니다. 원래 그곳에 살던 원주민과 흑인은 괜찮았지만 백인은 사정이 달랐어요. 파나마 지협으로 간 백인 세 명 중 한 명은 열병으로 죽었지요. 몇 년에 걸쳐 운하를 파는 동안 수많은 프랑스 일꾼들도 목숨을 잃었어요. 결국 운하를 파는 공사는 진척되지 않아 프랑스는 운하 공사 자체를 중단하고 말았답니다.

대서양과 태평양을 연결한 파나마 운하

작은 국가인 파나마는 운하 공사를 진행할 돈이 없었어요. 그러자 미국은 파나마에 다음과 같은 제안을 했습니다. 운하를 완공한 뒤에 소유권을 자신들에게 넘겨주면 계속 운하를 파겠다는 것이었지요. 겉으로 보기에는 공정해 보였지만 파나마는 이 제안을 거절했어요. 대신 이 땅을 미국에 영구 조차(대가를 지급하고 빌림)하는 것으로 하자고 대답했지요. 결국, 미국은 지협을 가로지르는 16km 너비의 땅을 파나마로부터 영구 조차했어요. 이 땅을 파나마 운하 지대라고 합니다.

미국은 운하 공사를 진행하기 전에 다음과 같은 단서를 달았어요. 운하 지대를 백인이 살기에 적합하도록 쾌적하게 만들어 백인이 오자마자 죽는 일이 없도록 바꿔야겠다고 말입니다. 그래서 유명한 의사를 이곳에 보내 백인이 살기에 적합한 지역인지 조사하도록 했어

파나마 운하
파나마 지협을 횡단해 태평양과
대서양을 잇는 운하다. 파나마 운
하와 수문 건설은 세계 운송과 여
행의 판도를 바꾸어 놓았다.

요. 그 의사는 파나마 지협이 건강을 해치는 지역이 된 원인은 다름
아닌 작은 모기 때문이라는 사실을 밝혀냈습니다. 이 모기는 보통
모기와는 전혀 다른 종류였어요. 시골 모기는 말라리아라는 무서운
병을 일으키지만, 더 위험한 건 도시 모기였지요. 도시 모기는 황열
병이라는 무시무시한 병을 일으켰어요. 황열병에 걸리면 피부색이
누렇게 변하다가 죽음을 맞게 되지요.

의사는 모기를 박멸하기 시작했어요. 우선 도시 모기는 포포카테
페틀에서 나는 황산 연기로 박멸했고, 시골 모기는 멕시코에서 나
는 석유로 죽였지요. 의사는 모기가 엄청난 수의 알을 낳는 늪지대
를 제거해서 건강에 해로운 곳이던 운하 지역을 건강하게 살 수 있

는 곳으로 바꾸었어요.

미국은 땅 위에 수로를 놓았고, 수로의 물은 원래 이 지역에 있는 강과 호수를 이용해서 채웠어요. 이렇게 만든 수로와 운하의 양쪽 끝에는 배를 들어 올리고 건너편 바다에 내려놓는 데 필요한 갑문을 설치했습니다. 배는 한쪽 바다에서 반대편 바다로 넘어가는 사이에 민물에서 항해하게 돼요. 양쪽 대양이 한데 이어져 흐르는 것이 아니기 때문이지요.

열대 지역에서 피어난 마야 문명

중앙아메리카는 남아메리카와 북아메리카를 잇는 좁은 지역을 가리키는데, 정확히는 남북의 중앙에 있어요. 일반적으로는 멕시코 남부를 제외한 과테말라, 온두라스, 엘살바도르, 니카라과, 코스타리카, 파나마의 여섯 개 공화국 및 벨리즈를 포함한답니다.

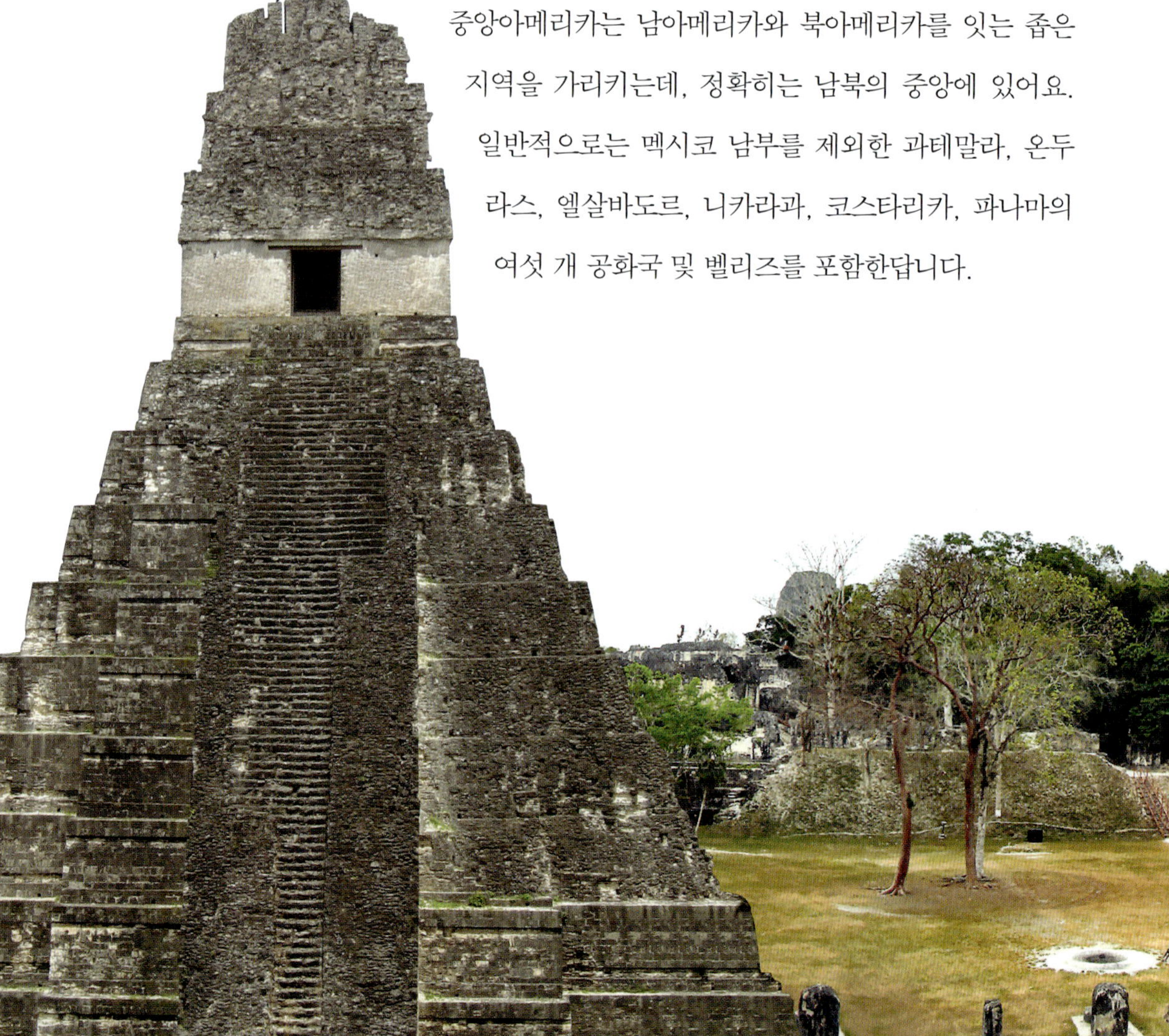

재규어의 신전
마야 문명 최대 유적지인 티칼 국립 공원의 제1호 신전이다. 신전 입구에서 재규어 조각이 발견되어 '재규어의 신전'이라고 불린다.

세계의 고대 문명 중 빼놓을 수 없는 마야 문명은 인디오들이 중앙아메리카의 열대 지역에서 이룩해 낸 문명이에요. 이 문명은 지금의 멕시코 남부의 유카탄 반도, 과테말라, 온두라스, 엘살바도르의 넓은 지역에 퍼져 있었지요.

특히 과테말라의 티칼은 마야 문명 최대의 유적지예요. 티칼 국립 공원에 들어서면 열대 우림 속에 흐드러지게 핀 꽃들의 향긋한 냄새가 코를 자극한답니다. 티칼 국립 공원 안에는 다섯 개의 대신전을 비롯해 크고 작은 피라미드, 궁전, 돌비석 등이 있어요.

지금으로부터 1,000년도 넘는 아득한 옛날, 열대 우림이라는 열악한 환경 속에서 어떻게 이처럼 크고 웅장한 신전과 피라미드를 지었을까요? 현재 발굴된 유물은 전체 유물의 약 1/10에 불과하다고 해요. '재규어의 신전'으로 알려진 제1호 신전은 높이가 51m나 됩니다. '가면의 신전'으로 불리는 제2호 신전은 높이가 38m 정도이지만, 균형미가 뛰어나 티칼 예술 최고의 걸작으로 꼽히지요.

가면의 신전
티칼 국립 공원의 제2호 신전이다. 균형미가 뛰어나 티칼 예술 최고의 걸작으로 꼽힌다.

마야 문명의 영역

열대 우림 속에서 마야 족은 나름대로 정밀한 수학 체계와 복잡한 문자, 그리고 정확한 태양력을 사용할 정도로 찬란한 문명을 꽃피웠어요. 이런 마야 족이 왜 9세기 이후 뿔뿔이 흩어지게 되었는지, 그 이유에 대해서는 정확히 알려진 바가 없습니다. 다만 마야 족이 변화무쌍한 열대 자연에 적응하는 데 실패했거나 북쪽의 아즈텍 같은 강력한 종족의 침입으로 멸망했을 것으로 추측할 뿐이지요.

옛날 마야 족이 밝힌 금성과 달의 운행 주기는 365.2420일이었고, 오늘날 정확한 과학적 조사로 밝혀진 날짜는 365.2422일이에요. 이것만 봐도 마야 족의 놀라운 수학적 계산 능력을 짐작할 수 있지요.

현대인이 열대 우림에 가서 산다면 마야 족과 같은 독자적인 과학 문명을 이루어 낼 수 있을까요? 어쩌면 부싯돌조차 제대로 다루지 못할지도 몰라요. 이렇게 볼 때, 마야 족의 과학 문명은 실로 불가사의한 수수께끼라고 할 수 있습니다. 🔺

앵글로아메리카보다 라틴 아메리카에 혼혈이 많은 이유는 무엇일까요?

캐나다와 미국을 지칭하는 앵글로아메리카와 멕시코 이하 지역에 있는 국가들을 지칭하는 라틴 아메리카는 단순히 지역을 의미하는 용어가 아닙니다. 앵글로아메리카는 영국을 중심으로 하는 앵글로 색슨 족이 건설한 나라들이고, 라틴 아메리카는 지중해 연안의 남부 유럽에 분포하는 라틴 족이 건설한 나라예요. 미국으로 건너간 영국의 청교도들은 낭비와 사치를 배격하고, 근면을 강조했으며, 향락을 멀리하는 것을 중요하게 여겼습니다. 하지만 라틴 아메리카의 라틴 족은 그렇지 않았어요. 또한, 청교도들은 주로 가족 단위로 이주했기 때문에 인종 간의 혼혈이 거의 일어나지 않았지만, 라틴 족은 주로 남자 혼자 이주한 경우가 많았습니다. 그래서 자연스럽게 아메리카 원주민과의 혼혈이 나타나게 된 것이지요. 특히 멕시코, 콜롬비아, 페루, 볼리비아 등 안데스 산지에 있는 국가에서 백인과 아메리카 원주민인 인디오의 혼혈이 많이 나타나고 있어요.

메스티소 출신의 볼리바르 베네수엘라 대통령인 우고 차베스

3 해적의 바다 | 카리브 해

콜럼버스는 서쪽으로 항해하다가 카리브 해의 작은 섬을 발견했어요. 이 해역의 여러 섬은 17~18세기 스페인이나 영국, 프랑스, 네덜란드 등의 식민지 쟁탈장이 되었지요. 그러다가 1898년에 벌어진 미국과 스페인 전쟁에서 스페인이 패배하자 미국의 정치적 · 경제적 영향권 아래 들어갔어요. 1914년 파나마 운하가 개통된 후에는 세계 해상 교통의 중요한 거점이 되었지요. 카리브 해는 약 7,000개의 섬으로 이루어져 있는데, 이 섬의 대부분은 화산섬이에요. 이 해역은 북동 무역풍의 영향으로 기온이 높고 비가 많이 내리지요. 6월에서 10월 사이에는 허리케인이 발생해 인근 지역에 큰 피해를 준답니다.

- 서쪽으로 항해하던 콜럼버스가 발견한 카리브 해의 여러 섬(서인도 제도)은 17~18세기에 스페인과 영국, 프랑스, 네덜란드 등의 식민지 쟁탈장이 되었다.
- 버뮤다 삼각 지대는 미국 플로리다 주의 마이애미와 푸에르토리코 섬, 버뮤다 제도를 연결하는 삼각형의 해역을 말한다.
- 한때 스페인의 식민지였던 쿠바는 세계 최대 사탕수수 생산국이다. 사탕수수는 쿠바의 전체 수출량 80% 이상을 차지한다.
- 아이티는 북쪽의 북아메리카 판과 남쪽의 카리브 판이 수평으로 엇갈리면서 10년에 20cm씩 이동하는 지점이다.

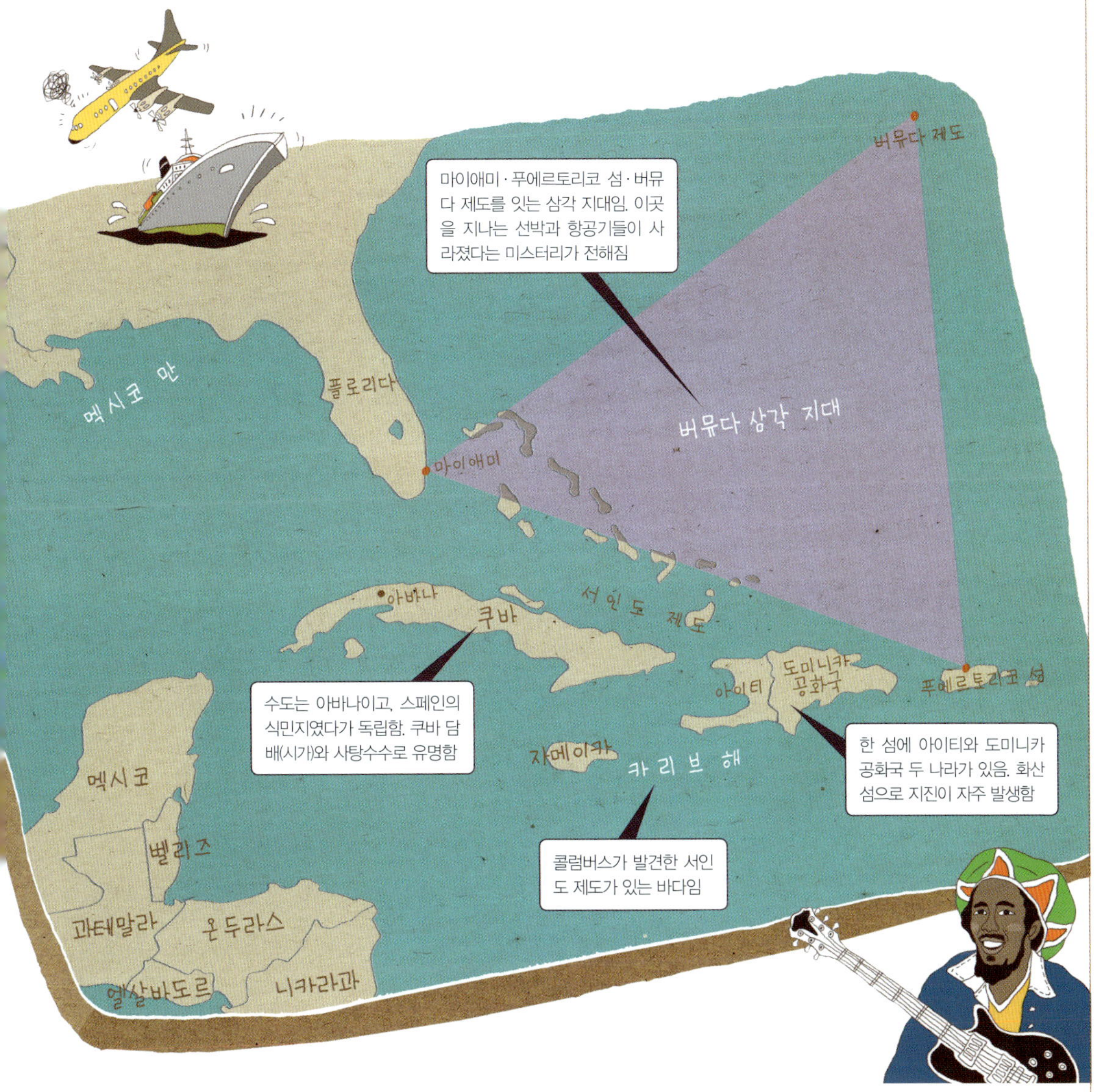

해적 대신 휴양객이 붐비는 카리브 해

미국에서 지구 반대편으로 가면 '인도 제국(인도, 인도차이나, 동인도 제도를 총칭하는 옛 이름)'이라는 섬들이 나와요.

콜럼버스는 인도와 정반대 방향인 서쪽으로 계속 나아가다 보면 결국에는 인도 제국에 도달할 수 있다고 믿었습니다. 다들 서쪽으로 가서 동쪽으로 돌아오는 게 어리석은 짓이라고 했어요. 하지만 콜럼버스는 지구는 둥글어서 서쪽으로 가나 동쪽으로 가나 결국에는 인도 제도에 닿을 수 있다고 믿었지요.

콜럼버스는 해가 지는 쪽으로만 나아가서 마침내 어떤 제도에 도착했어요. 그는 그곳을 인도 제도라고 잘못 생각해서 '서인도 제도'라는 이름을 붙여 주었지요. 당시 콜럼버스는 인도 제도까지는 절반도 이르지 못했다는 사실을 전혀 몰랐습니다. 더 멀리 항해했다 해

도 도중에 중앙아메리카가 놓여 있었을 거예요.

콜럼버스가 발견한 섬에는 피부색이 붉고 얼굴에 그림을 그리고 머리에 깃털을 단 사람들이 살고 있었습니다. 콜럼버스는 이 사람들을 인디오라고 불렀고, '카리브 사람'이라고도 했어요. 카리브는 '용감하다'는 뜻이고, 이 사람들이 진짜로도 용감했기 때문에 붙여진 이름이었지요. 또 이 섬을 둘러싼 푸른 바다를 '카리브 사람의 바다'라는 뜻으로 '카리브 해'라고 불렀어요.

콜럼버스는 새로운 길을 찾으러 항해하다가 결국 새로운 길을 찾아냈습니다. 그 후 다른 사람들이 금과 은을 찾으러 왔고, 이들 또한 원하던 것을 찾아냈어요. 일부는 멕시코에서 찾았고, 일부는 남아메리카에서 찾았으며, 일부는 인디오가 찾아낸 것을 억지로 빼앗았지요. 그들은 찾거나 빼앗은 금이나 은 등을 배에 싣고 스페인으로 출발했어요.

캐리비언의 해적
해적은 카리브 해의 작은 섬 어딘가에 숨어 있었다. 그러다가 보물을 실은 배가 나타나면, 검은 깃발을 돛대에 달고는 보물선 선원들을 붙잡았다.

하지만 보물을 싣고 떠난 배 중에는 스페인까지 가지 못하는 배가 많았어요. 해적들이 노리고 있다가 육지의 도적들이 빼앗은 물건을 약탈한 것이지요. 해적으로서는 가난한 인디오를 약탈하는 것보다 도적 떼한테서 약탈하는 것이 남는 장사였어요.

해적은 카리브 해의 작은 섬들 어딘가에 숨어 있었습니다. 그러다가 멀리 보물을 실은 배가 나타나면 검은 깃발을 돛대에 달고는 보물선의 선원들을 붙잡았어요. 선원은 노예로 삼았는데, 노예가 필요 없으면 뱃전에서 내민 널빤지 위를 눈을 가린 채 걷게 해 바다에 빠

뜨려 죽였지요. 그러고는 빼앗은 보물을 커다란 궤짝에 넣어 자기네 작은 섬으로 가져갔어요. 해적들은 모래밭에 구덩이를 파고 궤짝을 묻었습니다. 지도에는 X자를 표시해서 자기만 알고 다른 사람은 아무도 알아보지 못하게 했지요.

'캐리비언의 해적'은 이제 영화 속의 이야기가 되었어요. 카리브 해를 항해하는 배들은 이제 해적을 두려워하지 않지요. 카리브 해는 매우 푸르고 기후가 온화하며 아름다운 섬이 많아요. 이 때문에 휴양을 즐기고자 '해적의 바다' 카리브 해를 찾는 사람이 많답니다.

버뮤다 삼각 지대의 미스터리

'마(魔)의 삼각 지대'라고 불리는 버뮤다 삼각 지대는 미국 플로리다 주의 마이애미, 푸에르토리코 섬, 그리고 버뮤다 제도를 잇는 삼각형 모양의 바다를 말합니다. 이 지역을 통과한 많은 선박과 항공기들이 감쪽같이 사라졌다는 기록은 콜럼버스가 아메리카 신대륙을 발견했을 때부터 시작되었다고 해요. 실제로 지난 세기 동안 8,000건의 조난 신호와 50척 이상의 배, 그리고 20대 이상의 비행기가 버뮤다 지역에서 사라졌다고 합니다.

미국 해군 함정 150척이 사라진 후 하루 만에 수백 명의 해골이 낚시꾼에 의해 발견되었어요. 이 사건으로 버뮤다 삼각 지대의 시간은 지구의 다른 곳보다 몇백 배 더 빨리 흘러간다는 주장이 제기되기도 했답니다.

이 같은 현상의 원인은 여러 가지 가설로 설명되고 있어요. 지진, 외계인의 지구인 납치설, 4차원의 세계로 통하는 문, 메탄가스 분출

버뮤다 일대와 분홍 해변

북대서양 서쪽에 있는 영국령 자치 식민지인 버뮤다 제도는 갈고리 모양으로 산재한 여러 섬으로 구성되어 있다. 특히 버뮤다 삼각 지대는 이곳을 통과하다가 사라진 선박과 항공기가 많아 '마의 삼각 지대'로 불린다.

버뮤다 일대 상공에서 버뮤다 일대를 바라본 모습이다.

버뮤다 삼각 지대 미국 플로리다 주 마이애미와 푸에르토리코 섬, 버뮤다 제도를 잇는 삼각형의 바다다.

분홍 해변 버뮤다의 모래는 옅은 분홍색을 띠고 있어 다른 해변과 달리 백사장 색이 매우 아름답다.

설 등을 원인으로 추정하고 있지요. 이 중에서 메탄가스 분출설이 유력한 원인으로 제시되었어요. 바닷속 깊은 곳에서 메탄가스가 올라오는데, 이 때문에 선박은 부력이 감소해 침몰하고, 항공기는 엔진에 불이 붙어 추락하게 된다는 것이지요.

버뮤다 삼각 지대의 미스터리는 〈마이애미 헤럴드〉 지의 보도가 발단이 되었고, 이후 출판사와 방송사가 흥행을 위해 사건을 조작했다고 합니다. 하지만 이 사건은 처음부터 존재하지 않았다는 것이 가장 과학적인 설명일 거예요. 전문가들은 이 지역의 교통량이 매우 많았기 때문에 난파당한 배들도 많았다고 보고 있지요.

카리브 해의 검은 진주, 쿠바

서인도 제도에는 섬이 여러 개 있는데, 그중 제일 큰 섬 세 개가 한 줄로 늘어서 있어요. 이 중 가장 큰 섬이 바로 쿠바랍니다. 콜럼버스는 쿠바 인디오들이 횃불처럼 타고 있는 막대를 입에 갖다 대는 광경을 보았어요. 그들은 전설에 나오는 용처럼 특이하고 놀라운 방식으로 연기를 들이마셨다가 다시 내뿜었지요. 풀을 태워 연기를 마신다는 사실이 믿기지 않았지만, 그들은 정말로 연기를 삼켰고 그걸 좋아하는 것처럼 보였어요. 대서양 건너 유럽에서는 본 적이 없는 광경이었지요.

그러나 지금은 전 세계 사람들이 쿠바 인디오를 따라 합니다. 쿠바 인디오들이 태운 풀은 바로 담배였어요. 지금은 세계 각지에서 담배를 재배하지만, 세계에서 가장 좋은 시가용 담배는 쿠바에서 생산된답니다. 쿠바의 수도 아바나는 세계 각지로 아바나 시가를 수출

해요. 쿠바는 스페인의 식민지였지만 지금은 독립국이지요.

거의 모든 채소나 과일의 즙에는 설탕 성분이 들어 있어서 단맛이 납니다. 다만 채소나 과일의 종류에 따라 설탕의 함유량이 다르지요. 그런데 유난히 즙이 달아서 설탕을 만드는 재료로 재배하는 식물이 있어요. 바로 사탕수수랍니다. 옥수수 줄기처럼 생긴 사탕수수는 줄기를 눌러 짠 즙을 끓여서 설탕을 만들어요. 쿠바는 세계 어느 곳보다 사탕수수를 많이 재배하지요.

콜럼버스가 잠들어 있는 아이티 섬

서인도 제도에서 두 번째로 큰 섬은 아이티 섬(히스파니올라 섬)이에요. 아이티 섬은 면적은 넓지 않지만 섬 안에 작은 나라 두 개가 있답니다. 섬은 마치 악어가 입을 벌린 것 같은 모양이에요. 악어 머리 부분에 해당하는 서쪽 1/3이 아이티이고 동쪽이 도미니카 공화국입니다. 두 나라 모두 미국과 같은 공화국으로서 국민이 대통령과 상

원의원, 하원의원을 선출하지요. 단지 차이라면 대통령뿐 아니라 상원의원과 하원의원 모두 흑인이라는 점이에요.

콜럼버스는 죽은 뒤 아이티 섬에 묻혔어요. 오랜 세월이 지난 뒤 콜럼버스의 유골로 추정되는 것을 파서 스페인으로 돌려보냈지요. 스페인은 콜럼버스의 유골을 대성당에 보관했어요. 그러나 이 유골은 콜럼버스가 아닌 다른 사람의 것이며, 콜럼버스의 유해는 아직 아이티에 있다고 주장하는 사람들이 많답니다.

아이티에서는 또 다른 수많은 사람이 땅에 묻히는 사건이 발생했어요. 2010년에 발생한 지진은 아이티 전체 인구의 1/3인 300만 명에게 피해를 주었습니다. 실제 사망자는 22만 명이 넘었고, 부상자 수는 30만 명에 달했어요.

아이티는 두 개의 서로 다른 지각판이 충돌하는 지점이에요. 북쪽에는 북아메리카 판이, 남쪽에는 카리브 판이 수평으로 엇갈리면서 10년에 20cm씩 이동하지요. 전문가들은 이때 쌓인 엄청난 에너지가 지진 때 한꺼번에 분출된 것으로 보고 있어요.

아이티 지진

2010년 아이티에서 지진이 발생해 수많은 사람이 죽거나 다쳤다. 대통령 궁까지 무너질 정도로 아이티 지진의 강도와 피해는 엄청났다.

쿠바와 아이티를 비롯한 카리브 해의 섬에 흑인들이 사는 이유는 무엇일까요?

2010년 지진으로 큰 피해를 당한 아이티는 주민 대부분이 흑인이에요. 아이티에는 원래 아메리카 원주민이 살고 있었습니다. 콜럼버스가 아이티를 발견한 이래로 약 200년 동안 스페인의 식민지가 되었지요. 이 과정에서 원주민 대부분은 학살로 숨지거나 백인들이 전염시킨 병으로 죽었어요. 사탕수수, 커피, 면화 등을 재배하던 농장에서 일할 노동력이 부족해지자 스페인은 아프리카에서 흑인 노예들을 이주시켰습니다. 현재 아이티 사람들은 그때 아프리카에서 건너온 사람들의 후손이지요. 그 후 아이티는 다시 프랑스의 손으로 넘어갔어요. 하지만 당시 프랑스는 프랑스 대혁명이 발생하고 뒤이어 나폴레옹 전쟁이 지속되면서 혼란이 계속되고 있었지요. 이 혼란을 틈타 아이티의 흑인 노예들은 독립운동을 벌였어요. 마침내 1804년 아이티는 프랑스군을 몰아내고 미국에 이어 아메리카에서 두 번째 독립국이 되었습니다. 또 세계 최초로 흑인 노예들이 세운 국가이기도 하지요. 아이티는 프랑스의 식민 지배 영향을 받아 라틴 아메리카 국가 중에서 유일하게 프랑스 어를 사용한답니다.

4 엘도라도를 찾아서 |
남아메리카 북서 해안의 국가들

남아메리카 대륙은 여러 가지 모양으로 보여요. 당근 같기도 하고 순무 같기도 하고 팽이 같기도 하고 깔때기 같기도 하고 잎사귀 같기도 하고 무화과 같기도 하고 배를 뒤집어 놓은 모양이기도 하고 배 젓는 노 같기도 하고 양 갈비 같기도 하고 양 다리 같기도 하며 아이스크림콘 같기도 하지요. 잎자루같이 생긴 곳이 파나마이고, 맨 아래에 갈고리처럼 생긴 곳이 혼 곶이에요. 파나마에서 혼 곶까지는 안데스 산맥이 높은 장벽처럼 서 있습니다. 이 산맥은 서반구에서 제일 높은 산맥이자 세계에서 제일 긴 산맥이지요.

- 볼리바르 베네수엘라는 석유뿐 아니라 천연가스, 금, 다이아몬드 등 지하자원도 풍부하다.
- 적도에 가까운 에콰도르는 대부분 지역이 안데스 산맥 고지대여서 일 년 내내 기후가 서늘하다.
- 과거 페루에 머물렀던 스페인 사람이 대부분 인디오와 결혼해서 현재 페루 인구 절반이 스페인 사람과 인디오 사이에서 태어난 혼혈인이다.
- 엘니뇨는 페루 한류가 에콰도르의 먼바다까지 올라가지 못해 그곳으로 적도 부근의 난류가 밀려와 수온이 상승하는 현상이다.
- 볼리비아와 페루 사이에 있는 티티카카 호는 잉카 문명의 발상지다.

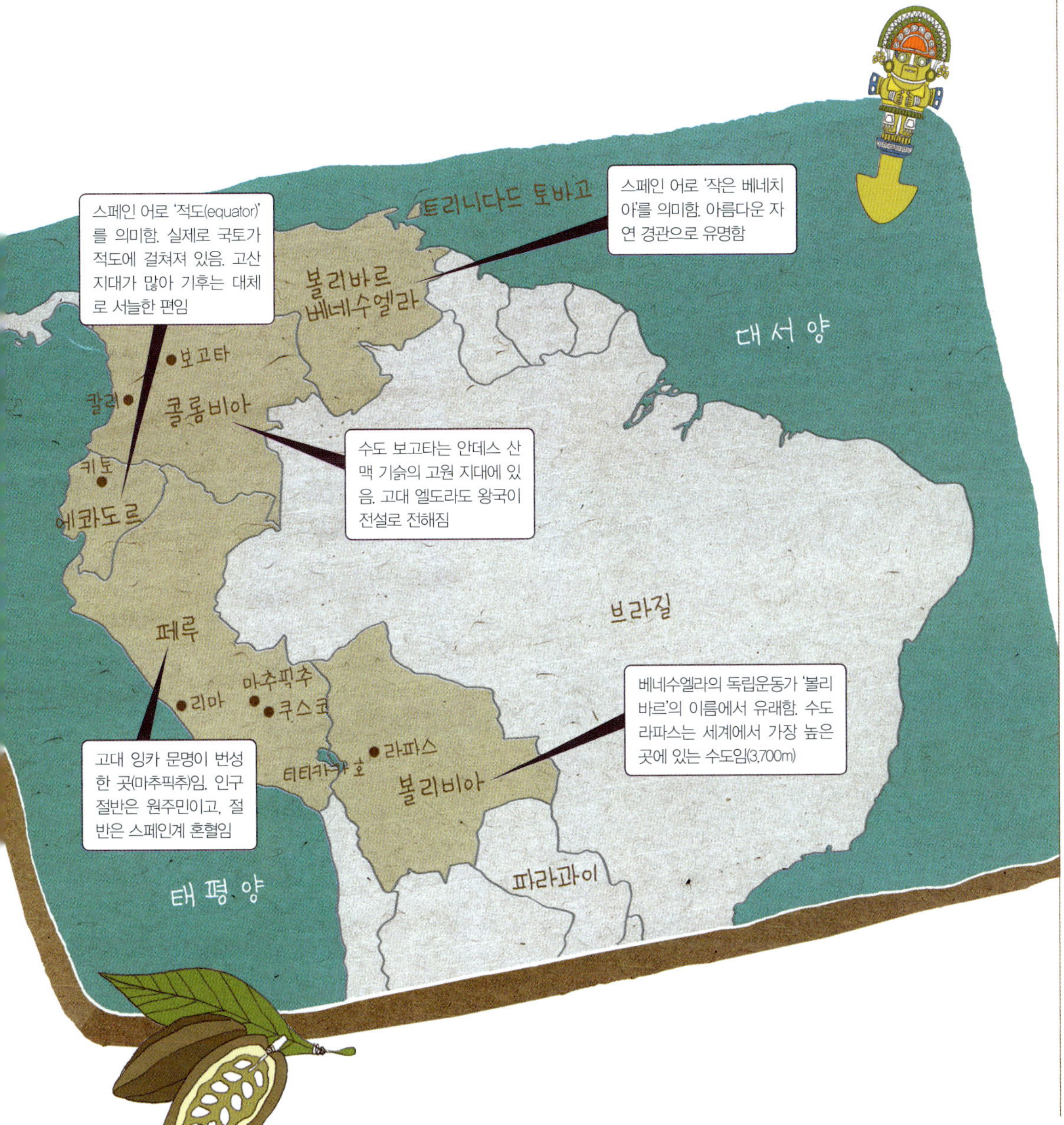

엘도라도의 땅과 작은 베네치아

아메리카를 발견한 콜럼버스(Columbus)의 이름을 딴 나라는 콜롬비아(Colombia)뿐입니다. 콜롬비아는 남아메리카와 중앙아메리카를 연결하는 잎자루에 해당하는 파나마에 가장 가까워요.

콜롬비아의 수도는 보고타인데, 정식 명칭은 산타페 데 보고타입니다. 보고타는 안데스 산맥 기슭의 고원 지대에 자리 잡고 있어요. 이곳은 황금 도시인 엘도라도의 기원이 되기도 했지요. 살사 댄스의 본고장인 칼리에서는 라틴 민족의 열정을 보고 배울 수 있답니다.

콜럼버스가 아메리카 대륙에 도착한 후, 스페인 사람들은 보물을

몬세라떼 성당
콜롬비아 보고타 시 중심부 동쪽의 작은 산봉우리에 세워진 성당이다. 시내에서 케이블카나 궤도열차를 타고 올라갈 수 있다. 보고타 시 전체를 조망하는 전망대로 유명한 곳이다.

찾기 위해 남아메리카를 정복하기 시작했습니다. 엘도라도 왕국에 보물이 산더미처럼 쌓여 있다는 소문이 퍼졌기 때문이지요. 전설에 따르면, 황금으로 된 사람인 엘도라도는 황금의 땅을 다스리며 세계의 어떤 왕보다 재산이 많았다고 해요.

결국, 스페인 사람들은 엘도라도 왕국을 찾지 못했어요. 하지만 이들의 탐험은 멈추지 않았고, 결국 원주민들의 땅을 모두 빼앗고 말았지요.

남아메리카 북부 해안에 첫발을 들여놓은 백인들은 인디오가 물 위에 집을 짓고 사는 나라를 발견했습니다. 물 위에 집을 짓고 사는 이탈리아의 베네치아와 비슷해 보여서 백인들은 이 나라를 '작은 베네치아'라고 불렀어요. 스페인 어로는 베네수엘라지요.

볼리바르 베네수엘라는 1922년 석유를 발견해 남아메리카 최대의 산유국이 되었어요. 석유뿐 아니라 천연가스, 금, 다이아몬드, 알루미늄, 철광석 등의 지하자원도 풍부하지요.

볼리바르 베네수엘라는 아름다운 자연 경관으로도 유명합니다. 카리브 해가 있는 북부 해안가의 모래 해변과 산호섬, 돌섬 등이 관광객의 시선을 사로잡아요. 넓은 초원인 야노스 평원을 따라 아름다운 오리노코 강이 대서양으로 흘러들지요. 남동부에는 높고 평탄한 기아나 고지가 있습니다. 이곳은 국토의 절반을 차지할 만큼 넓지만, 대부분 개발되지 않은 아마존 열대 우림 지대예요.

적도의 나라, 에콰도르

지구의 한가운데를 빙 둘러서 그은 선을 '적도(equator)'라고 합니다. 적도를 스페인 어로 에콰도르(ecuador)라고 해요. 에콰도르는 적도를 중심으로 위아래에 걸쳐 있는 남아메리카의 작은 나라 이름이기도 하지요.

적도에 가까우면 몹시 더운 나라일 것이라고 예상하기 쉽지만, 에콰도르는 대부분 지역이 안데스 산맥 고지대여서 일 년 내내 서늘한 편이에요. 연중 10도 정도의 봄 날씨를 유지

로자 게이트
에콰도르가 스페인의 지배를 받을 때 건설되었다. 에콰도르는 대부분 지역이 안데스 산맥 고지대에 있어 날씨가 서늘한 편이다.

해서 적도 부근 열대 고산 지역의 기후를 상춘 기후라고 부릅니다. 안데스 산지와 멕시코 고원에서 고대 문명이 발전한 것은 바로 이 때문이지요.

침보라소 산
세계에서 제일 높은 화산 중 하나이자 에콰도르에서 가장 높은 산이다. 더는 연기가 나거나 용암이 솟아오르지 않는 사화산이다.

에콰도르의 수도인 키토에서는 세계에서 제일 높은 화산 두 개가 보입니다. 둘 중에 더 높은 산인 침보라소 산에서는 이제 연기가 나거나 용암이 솟아오르지 않아요. 다른 하나인 코토팍시 산은 여전히 활동 중인 화산으로 안에는 아직 마그마가 끓고 있답니다.

에콰도르에서는 우리가 즐겨 먹는 초콜릿과 코코아의 원료인 카카오가 생산돼요. 초콜릿과 코코아는 모두 멜론만 한 크기의 꼬투리에서 자라는 콩으로 만들지요. 이 꼬투리는 가지에 매달려 자라는 것이 아니라 나무줄기에 곧바로 붙어서 자라요. 이 나무를 카카오나무라고 합니다.

마추픽추의 나라, 페루

에콰도르 남쪽에 접해 있는 페루에는 예전에 문명 수준이 높은 인디오가 살았습니다. 페루 인디오는 천막이나 오두막에서 살지 않았어요. 이들은 궁전을 짓고 살았고 지식이 뛰어났지요. 이들이 세운 나라를 잉카라고 하며, 잉카의 수도는 쿠스코였어요.

스페인 사람들이 금과 은을 찾으러 남아메리카에 처음 도착했을 때 쿠스코에는 이미 채굴하던 광산이 있었어요. 그러니 일부러 캐낼

잉카 제국의 수도, 쿠스코
안데스 산맥 해발 3,399m 지점의 분지에 있는 도시로 한때 100만 명이 거주했다. 잉카 사람들은 하늘은 독수리,
땅은 퓨마, 땅속은 뱀이 지배한다고 믿었는데, 이러한 세계관에 따라 쿠스코는 도시 전체가 퓨마 모양을 하고 있다.

마추픽추

페루에 있는 잉카 문명의 고대 도시다. 사방이 절벽과 골짜기로 둘러싸여 있어 오직 하늘에서만 도시 전체를 볼 수 있다고 해서 '공중 도시'로도 불린다. 16세기 후반, 잉카 사람들은 마추픽추를 버리고 더 깊숙한 오지로 떠났다. 그 후 마추픽추는 약 400년 동안 숨겨져 있다가 1911년에 발견되었다.

필요 없이 잉카 사람들에게 빼앗기만 하면 되었지요. 스페인 사람들에게는 총이 있었고 잉카에는 변변한 무기가 없었기 때문에 잉카의 패배는 불을 보듯 뻔했어요.

1533년 잉카 제국의 마지막 황제였던 아타우알파는 점령자인 프란시스코 피사로의 명령에 따라 살해당했어요. 잉카 제국을 멸망시킨 스페인은 금을 손에 넣었지만, 잉카 사람들을 동원해 금을 더 캐도록 했지요. 스페인은 곧 고약한 약탈 행위의 죗값을 치르게 되었습니다. 잉카에서 빼앗은 보물을 싣고 스페인으로 돌아가던 배가 해적들에게 약탈당한 것이지요.

페루에 머문 스페인 사람 대부분은 인디오 여자와 결혼했어요. 그래서 현재 페루 인구의 절반은 아메리카 원주민이지만 나머지 절반은 대부분 스페인 사람과 인디오 사이에서 태어난 혼혈이랍니다.

쿠스코에는 폐허가 된 옛 잉카 제국의 궁전 말고는 아무것도 남아 있지 않아요. 하지만 근교에 있는 마추픽추는 유적 전체가 하나의 도시를 이루고 있지요. 이곳은 사방이 절벽과 골짜기로 이루어져 있고 밀림이 우거져 있어요. 오직 하늘에서만 도시 전체의 모습을 볼 수 있다고 해서 '공중 도시'라고도 불리지요.

안데스 산맥에서는 라마라는 동물의 등에 짐을 실어서 운반해요. 라마는 등에 혹이 없는 작은 낙타와 비슷한 동물이지요. 해발 고도 2,300~4,000m 고지대에서 주로 서식합니다. 페루에서는 약 4,000년 전의 라마 뼈가 발견되기도 했어요.

아기 예수의 경고, 엘니뇨

최근 지구상에는 각종 기상 이변이 잇따라 일어나고 있어요. 그 원인 중 하나로 꼽는 것이 엘니뇨입니다. 남아메리카의 서해안인 에콰도르의 먼바다에서는 수온이 상승하는 이상 현상이 발생하고 있어요. 엘니뇨는 아기 예수를 의미하는데, 크리스마스를 전후해서 기상 이변 현상이 나타나기 때문에 이런 이름이 붙여졌답니다.

일반적으로는 서태평양 온도가 높고, 동태평양 남아메리카 연안은 남쪽으로부터 페루 한류가 흘러들어서 온도가 낮아요. 페루 한류는 남극에서 적도를 향해 북상하다가, 에콰도르의 먼바다에서 진로를 바꿔 남태평양 중앙부로 향하지요. 그런데 이 한류가 12월에서 이듬해 3월에 걸쳐 에콰도르의 먼바다까지 도달하지 못하는 현상이

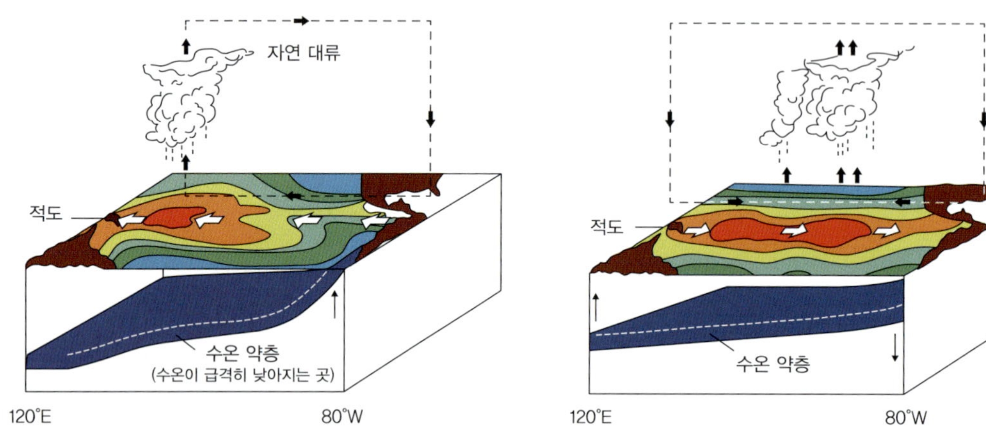

발생해요. 페루 한류를 움직이는 편서풍이 이 무렵에 약해지기 때문이지요. 페루 한류가 에콰도르의 먼바다까지 올라가지 못하면 그곳으로 적도 부근의 따뜻한 물이 밀려와 수온이 상승하게 됩니다.

또 적도 방향으로 부는 무역풍이 약해지면서 동에서 서로 흐르던 바닷속 차가운 해수의 흐름도 약해져 에콰도르의 먼바다에서는 수온이 높아집니다. 그래서 자연히 해수 온도가 상승하는데, 평년보다 2~5도나 높은 상태가 반년에서 일 년 이상이나 지속되지요. 수온이 상승하면 플랑크톤이 감소해 멸치의 일종인 안초비 어장이 황폐해져요. 그리고 상승 기류가 발생하면서 증발량이 많아져 페루 일대에서는 홍수가 자주 발생한답니다.

거꾸로 태평양 반대쪽인 오스트레일리아 일대는 강수량 감소로 가뭄이 들어요. 결국, 엘니뇨는 태평양 양쪽 모두에 기상 이변을 일으키는 것이지요. 혹시 아기 예수가 무분별하게 자연 파괴를 일삼고 탄소 가스를 배출하고 있는 인간에게 경고를 보내고 있는 것은 아닐까요?

평상시의 태평양(왼쪽)
무역풍이 따뜻한 물을 서쪽으로 몰고 가면, 바다 밑의 차가운 물은 남아메리카 북부 해안을 따라 상승한다.

엘니뇨 상태
무역풍이 약해지면서 적도의 따뜻한 물이 남아메리카 북부 해안 쪽으로 접근하고, 바다 밑의 차가운 물은 제대로 상승하지 못한다.

독립운동가의 이름을 딴 볼리비아

여러분은 시몬 볼리바르라는 이름을 들어 본 적이 있나요? 들어 보기 어려운 이름이지만 남아메리카에서는 조지 워싱턴만큼 유명한 인물이랍니다.

영국이 북아메리카에서 식민지를 열세 개나 점령했듯이 한때 스페인도 남아메리카의 넓은 지역을 식민지로 차지하고 있었습니다. 그러다가 베네수엘라의 시몬 볼리바르라는 사람이 나타났어요.

그는 여느 남아메리카 사람들과 마찬가지로 점령국 스페인의 처우가 매우 부당하다고 생각했습니다. 볼리바르는 미국에 다니면서 미국도 한때 영국의 식민지였고, 조지 워싱턴이 영국에 저항하는 혁명을 일으켜서 마침내 독립을 이루었다는 사실을 알게 되었어요.

남아메리카로 돌아온 볼리바르는 조국 베네수엘라와 남아메리카 여러 나라의 독립을 위한 혁명 운동을 이끌었습니다. 볼리바르의 삶은 매우 험난했어요. 목숨을 부지하기 위해 번번이 망명길에 올라야 했지만, 매번 다시 남아메리카로 돌아와 싸웠지요.

마침내 그는 콜롬비아, 베네수엘라, 에콰도르, 페루, 볼리비아 등 남아메리카의 여러 나라를 스페인으로부터 독립시켰어요.

스페인으로부터 독립한 나라 가운데 한 곳이 그의 이름을 따서 나라 이름을 '볼리비아'로 바꿨습니다. 볼리비아는 세계에서 몇 안 되는 바다에 접해 있지 않은 나라 중 하나예요.

전 세계에서 쓰는 주석 대부분이 볼리비아의 광산에서 나옵니다. 주석 냄비와 주석 깡통은 주석으로만 만든 것이 아니에요.

시몬 볼리바르(1783~1830년)
'남아메리카의 조지 워싱턴'이라 불리는 시몬 볼리바르는 베네수엘라와 남아메리카 여러 나라를 스페인으로부터 독립시켰다.

주석으로만 물건을 만들면 생산비가 많이 든답니다. 그래서 철로 물건을 만들고 그 위에 주석을 도금하지요. 철로만 냄비와 깡통을 만들면 금세 녹이 슬어 음식을 담는 용기로 적합하지 않기 때문에 녹슬지 않는 주석을 입히는 거예요. 하지만 겉에 입힌 얇은 주석이 벗겨지면 철이 금세 녹슬지요.

볼리비아와 페루 사이에는 티티카카라는 매우 큰 호수가 놓여 있습니다. 티티카카 호는 이 정도 면적의 호수 중에서는 세계에서 가장 높은 곳인 해발 3,810m에 있어요. 이곳은 잉카 문명의 발상지이고, 교통수단으로 갈대로 만든 배가 이용되고 있지요.

볼리비아의 수도인 라파스는 세계에서 가장 높은 곳에 있는 행정수도예요. 우리나라 63 시티의 13배 이상 높은 해발 3,700m에 있지

티티카카 호

페루와 볼리비아 국경에 있는 티티카카 호는 남아메리카에서 가장 큰 호수다. 세계에서 가장 높은 곳에 있는 호수로 안데스 산맥의 알티플라노 고원 북쪽에 자리 잡고 있다.

요. 이곳에서 남쪽으로 200km 떨어진 곳에는 눈부시게 반짝이는 하얀 사막인 우유니 사막이 있어요.

이 사막은 소금으로 이루어져 있고, 우리나라의 전라남도와 비슷한 면적입니다. 두께는 층마다 각각 다른데 최소 1m에서 최대 120m에 이르는 곳도 있어요.

우유니 소금 사막이 유명한 이유는 또 있어요. 우기인 12월에서 이듬해 3월 사이에는 소금 사막에 빗물이 고여서 맑고 투명한 호수가 생깁니다. 이 호수는 마치 거울처럼 하늘의 모습을 비추고 있어 장관을 연출하지요.

우유니 사막 한가운데에는 소금 호텔도 있습니다. 소금을 벽돌처럼 잘라서 물을 접착제 삼아 지은 건물인데, 기둥은 물론 테이블이

나 침대에 이르기까지 모든 것을 소금으로 만든 호텔이에요. 호텔 벽에는 "벽이 얇아지는 것을 막기 위해 호텔 벽을 핥지 마세요."라는 문구가 붙어 있답니다.

그렇다면 바다가 없는 내륙 국가이고 고지대인 볼리비아에 어떻게 소금 사막이 만들어졌을까요? 먼 옛날 우유니는 깊은 바다였는데, 지각이 융기해서 높은 지대에 바닷물이 고여 거대한 호수로 변했어요. 이 호수의 물이 오랜 세월에 걸쳐 증발되면서 결국 소금만 남게 된 것이지요.

우유니 사막
세계에서 가장 큰 소금 사막이다. 우기인 12월에서 이듬해 3월 사이에는 소금 사막에 빗물이 고여 맑고 투명한 호수가 생긴다. 바닥 두께가 최대 120m에 이르는 곳도 있다.

바다가 없는 볼리비아에 왜 해군이 있을까요?

볼리비아의 영토는 원래 태평양에 접해 있었어요. 그런데 칠레와의 전쟁으로 태평양 쪽의 땅을 빼앗겨 버렸지요. 19세기에 접어들면서 스페인 식민 지배가 막을 내리게 되었어요. 독립국이 된 볼리비아는 경제력을 높이는 것과 함께 육군, 해군, 공군을 창설해 영토를 지키는 데 힘을 쏟았습니다. 그러나 인접국인 칠레와의 영토 문제로 다툼이 많았어요. 특히 볼리비아의 아타카마 사막에는 비료와 화약의 원료가 되는 초석이 많이 매장되어 있었는데, 대부분의 초석 광산을 칠레 사람들이 소유하고 있었지요. 볼리비아 정부가 재정난을 극복하기 위해 초석 수출에 세금을 부과하자 반발이 심했어요. 이에 볼리비아는 초석 광산을 몰수해 버렸고, 결국 두 나라가 전쟁을 하게 된 것입니다. 전쟁 결과 칠레가 볼리비아의 태평양 연안 지역을 모두 점령해 버렸어요. 그래서 볼리비아는 바다로 진출할 길이 막혀 버렸지요. 그러나 볼리비아는 티티카카 호에 해군 기지를 두고 있고 군함도 가지고 있어요. 언젠가 바다로 진출하려는 꿈을 포기하지 않고 있는 것이지요.

볼리비아 해군

5 커피와 축제의 나라 | 브라질

안데스 산맥에서 흘러내린 물은 세계에서 제일 큰 아마존 강을 이룹니다. 지도에서 보면 아마존 강은 가지가 무성한 넝쿨 모양이에요. 하류로 갈수록 강폭이 넓어져서 건너편 강둑이 보이지 않을 정도가 되지요. 아마존 강은 세계 어느 강보다 많은 양의 물을 바다로 흘려보내요. 아마존 강은 브라질이라는 나라를 지나며 흐릅니다. 아메리카 대륙에서 유일하게 포르투갈 어를 사용하는 브라질은 풍부한 지하자원과 삼림 자원을 보유하고 있어요. 브라질의 수도는 리우데자네이루였으나, 해안 지역에 집중된 인구를 내륙으로 분산시키기 위해 1960년부터 새로 건설된 브라질리아가 새로운 수도가 되었답니다.

- 세계에서 가장 큰 강인 아마존 강은 페루 안데스 산맥에서 발원해 브라질 북부를 흐르다가 대서양으로 흘러든다.
- 아마존 강 유역에는 철광석과 망간, 보크사이트 등 지하자원이 풍부하게 매장되어 있다.
- 브라질 최대 도시인 상파울루는 주변 일대를 중심으로 커피 재배가 활발해지면서 대규모 커피 집산지가 되었다.
- 리우데자네이루는 1960년에 내륙 개발 목적으로 계획도시인 브라질리아로 수도가 바뀌기 전까지 브라질의 수도였다.

세계 최대의 아마존 강

페루의 안데스 산맥에서 시작되는 아마존 강은 북쪽으로 흘러가다가 다시 동쪽으로 방향을 바꿔 흘러요. 그러다가 브라질 북부를 관통해 적도상의 대서양으로 흘러들지요. 아마존 강의 하구 근처에는 크고 긴 삼각주가 자리 잡고 있어요.

그런데 세계 곳곳의 큰 강이 끊임없이 강물을 바다로 흘려보내는데도 바다가 넘치지 않는 이유는 무엇일까요? 욕조에 물을 틀어 놓고 잠그지 않으면 물이 가득 찬 뒤에 흘러넘칩니다. 그러나 바닷물은 수증기로 바뀌어 하늘로 올라가 구름을 만들어요. 구름은 바다 위에 떠 있다가 바람에 떠밀려 육지로 가서 비를 내리지요. 육지에 비가 내리면 엄청난 양의 물이 나무와 풀에 흡수되지만, 나머지는

아마존 강
세계에서 가장 큰 강인 아마존 강은 페루 안데스 산맥에서 발원해 브라질 북부를 흐르다가 대서양으로 흘러든다.

다시 강으로 흘러 들어가요. 그리고 강은 바다로 흘러 들어가면서 똑같은 과정이 끊임없이 반복되지요.

물은 그냥 사라져 버리지 않습니다. 다른 곳으로 갈 수는 있지만, 세상에 존재하는 물의 양은 늘거나 줄지 않고 항상 그대로지요. 과거에도 그랬고 앞으로도 그럴 거예요.

남아메리카의 큰 강은 모두 대서양으로 흐르고 태평양으로 흐르는 강은 없어요. 안데스 산맥이 태평양 가까이에 있어서 큰 강이 형성될 만한 공간이 없기 때문이지요.

탐욕이 아마존을 먹어 치우고 있다

브라질은 면적이 미국만큼 넓고, 남아메리카에서 가장 큰 나라예요. 여러분은 브라질 하면 어떤 것이 떠오르나요? 삼바, 축구, 커피 생산국, 아마존 밀림 등 많은 것들이 생각나지 않나요?

브라질이라는 이름은 이 나라에서 자라는 나무 이름에서 따왔어요. 브라질 나무는 염료를 만드는 데 쓰이는 원료랍니다. 하지만 나라 이름을 브라질 대신에 '고무'나 '커피'라고 지었어야 적절했을 것 같아요. 브라질에는 브라질 나무보다 고무나무와 커피나무가 더 많기 때문이지요.

아마존 강 유역은 '숲'이라는 뜻으로 '셀바스'라고 합니다. 그러나 이곳은 숲으로만 뒤덮인 것이 아니라 밀림과 늪지대가 야생 그대로의 모습을 지니고 있어요. 기온이 몹시 높고 습해서 사람이 살기에 좋지 않은 환경이지만 모든 것이 크고 빠르게 자라지요.

셀바스에는 온갖 동물이 살고 있어요. 이곳에 사는 사람은 인디

아마존

다양한 야생 동물이 사는
밀림 지대 아마존은 강과
섬이 미로처럼 얽혀 있어
세계 최대의 야생 자연이라
불린다.

레드망그로브 뿌리(오른쪽)
레드망그로브는 그물처럼 얽히고설킨
다량의 뿌리를 내리고 사는 나무다.

아마존 강의 거대한 수련
아마존 강에는 사람을 압도할 만한 크
기의 동식물이 다양하게 서식하고 있다.

나무늘보

긴 팔과 갈고리 모양의 발톱을 이용해 나무 사이를 천천히 옮겨 다
닌다.

보아 뱀

크기는 비단구렁이보다 작지만 큰 것은 길이가 5m에 이른다.

다람쥐원숭이

아마존 우림과 볼리비아에 주로 서식하는 원숭이다. 집단생활을 좋아
해 주로 무리지어 다닌다.

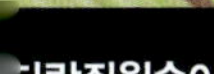

앵무새

흰머리 카이쿠라는 이름의 앵무새다.

오, 백인과 인디오의 혼혈, 흑인 등 인종도 다양하지요. 이곳에는 거리의 풍각쟁이들이 데리고 다니는 것과 같은 원숭이가 많답니다. 뱃사람들은 셀바스의 앵무새를 잡아서 말하는 법을 가르치고 고향으로 데려가요. 엄청나게 크고 색이 아름다운 나비와 나방은 어린이들이 수집하기에 좋지요.

이곳에는 보아 뱀이라는 큰 뱀이 삽니다. 보아 뱀은 나뭇가지에 큰 넝쿨처럼 매달려 있다가 다른 동물을 잡아 똘똘 감아 죽인 다음 통째로 삼키지요. 그러고는 소화가 다 될 때까지 일주일이고 한 달이고 잠을 잔답니다.

공중그네를 타는 아이처럼 발가락 끝으로 나무에 거꾸로 매달린 채 잠을 자는 나무늘보도 있습니다. 이외에도 용처럼 생긴 이구아나 사자 울음소리처럼 우렁찬 소리로 우는 거대한 황소개구리도 있지요.

이렇게 생명으로 가득 찬 원시림이 위기에 처해 있어요. 농사지을 땅이 없는 사람들에게 땅을 나누어 주고 여러 자원을 개발하기 위해 아마존 개발 계획이 수립되었기 때문이지요. 1960년대 중반 이후, 브라질리아와 벨렘 사이에 고속 도로가 뚫리고 농부들이 많이 몰려들기 시작했어요. 1966년 수많은 계획 중 아주 일부만이 성공을 거두었고, 결국 남은 것은 경작지 몇 군데뿐이었지요. 1990년대부터 개발 속도가 느려지기는 했지만, 현재에도 여전히 개발은 진행되고 있어요.

아마존 강 유역에는 철광석, 망간, 보크사이트, 크롬, 납 등의 지하자원이 풍부하게 매장되어 있습니다. 그래서 브라질 정부와 해외의 다국적 기업은 대규모의 자본을 들여 광산 개발에 나섰지요. 이런 개발 때문에 현재까지 아마존 강 유역의 1/8이 파괴되었어요. 문제는 아마존 강 유역의 열대 밀림이 점점 더 빠르게 사라지고 있다는 것이지요.

아마존 사람들은 선진국이 아마존의 보호를 원한다면 이곳 사람들이 인간답게 살 수 있는 수단을 먼저 마련해 주어야 한다고 주장하고 있어요.

아마존 열대 우림의 무분별한 개발
벌채와 광산 개발로 아마존 강 유역의 열대 우림이 사라지고 있다.

고무와 커피가 들려주는 이야기

대체 어떤 사람이 셀바스 같은 곳에 들어갈까요? 셀바스에 들어가는 주된 목적은 밀림에서 자라는 나무에서 수액을 받기 위해서예요. 아마존에 들어간 백인들은 인디오들이 나무에서 나온 수액으로 만든 공을 팅기면서 노는 모습을 보았습니다. 그래서 수액으로 장난감 공이나 테니스공, 골프공 등을 만들면 좋겠다고 생각했지요.

셀바스에 간 사람들은 고무나무가 있는 곳이라면 어디든지 멈춰서 나무줄기에 칼집을 내고 밑에 컵을 묶어 수액을 담았어요. 수액이 충분히 모이면 막대기에 수액을 부어 불에 대고 말렸지요. 이런 과정을 여러 번 반복하면 막대기에 커다란 고무 덩어리가 뭉친답니다. 이 고무 덩어리를 카누에 싣고 아마존 강을 따라 내려가 큰 배에 옮겨 실었어요. 그러면 큰 배는 미국을 비롯한 여러 나라로 고무를 운반했지요.

브라질 커피 농장의 농부
상파울루 주변에서 나는 커피만 해도 세계 커피 생산량의 40%를 차지한다.

커피는 원래 브라질에서 자라던 식물이 아니라 에티오피아가 원산지예요. 누군가 바다 건너에서 커피나무를 들여와 브라질에 심기 시작했지요. 커피는 셀바스가 아니라 바닷가의 높은 지대에서 재배했어요. 지금은 원래 커피가 나던 지역보다 브라질에서 커피를 훨씬 많이 재배하고 있습니다. 그래서 브라질은 세계 제일의 커피 생산국이 되었지요.

커피는 작은 나무에서 나는 체리처럼 생긴 열매예요. 열매 안에 있는 두 개의 씨앗이 커피이긴 하지만 커피를 음료로 마시려면 먼저 갈색이 될 때까지 볶은

상파울루
남아메리카 최대 도시인 상파울
루는 커피 재배의 중심지인 동시
에 집산지로 발전했다.

다음 빨아서 가루로 만들어야 합니다. 남아메리카 최대 도시 중 하나인 상파울루 주변에서 생산하는 커피의 양은 세계 커피 총생산액의 40%를 차지해요. 우리나라 사람들이 마시는 커피는 주로 브라질, 콜롬비아 등지에서 생산된 것이랍니다.

축제의 도시, 리우데자네이루

1500년대의 어느 새해 첫날, 포르투갈 탐험가들이 브라질 해안선을 따라 항해하다가 강어귀처럼 보이는 곳에 정박했어요. 그날이 새해였기 때문에 그들은 그곳에 '1월의 강(River of January)'이라는 뜻의 '리우데자네이루'라는 이름을 붙여 주었지요.

리우데자네이루는 프랑스가 최초로 식민지로 지배했어요. 이후

리우데자네이루

'1월의 강(River of January)'
이라는 뜻을 가진 리우데자
네이루는 1500년대에 포르
투갈 탐험가들이 브라질 해
안선을 따라 항해하다가 발
견한 곳이다. 이곳을 발견
한 날이 새해였기 때문에
리우데자네이루라는 이름
을 붙였다고 한다.

코르코바도 산
배에서 리우를 바라보면 거인이 잠자는
듯한 형상의 바위산이 놓여 있는데, 이
산이 바로 코르코바도 산이다. 이곳에는
세계 7대 불가사의로 꼽히는 예수상이
서 있다.

리우데자네이루 세계 3대 미항으로 불리는 리우데자네이루는 브라질의 수도였지만, 1960년 브라질은 내륙 개발을 위해 계획도시인 브라질리아로
수도를 옮겼다.

리우 카니발

세계 최대 규모를 자랑하는 브라질 축제다. 매년 2월 말부터 3월 초까지 리우데자네이루에서 열린다.

이파네마 해변

코파카바나, 레브롱 해변과 함께 리우데자네이루를 대표하는 해변 중 하나다.

프랑스와 포르투갈이 쟁탈전을 벌이다가 결국 1567년 포르투갈이 승리를 거두었지요. 리우데자네이루는 1822년 브라질 왕국이 세워졌을 때 수도였고, 1889년 브라질 공화국이 되었을 때에도 수도였으나, 1960년 내륙 개발을 위해 계획도시인 브라질리아로 수도가 바뀌었어요.

세계 3대 미항으로 불리는 리우데자네이루 항구에는 '설탕 덩어리'라는 이름이 붙은 팡데아수카르가 있어요. 이곳은 리우의 이름난 관광지 중 한 곳으로 바닷가에 우뚝 솟아 있답니다. 배에서 리우를 바라보면 도시 뒤에 거인이 잠자는 듯한 형상의 바위산이 놓여 있는데, 이곳을 '코르코바도 산'이라고 불러요. 이곳에는 세계 7대 불가사의 중 하나인 예수상이 서 있습니다. 이 예수상은 브라질이 포르투갈로부터 독립한 지 100주년이 되는 해를 기념하기 위해 세워진 거예요.

매년 2월 말에서 3월 초가 되면 삼바로 유명한 리우 카니발을 보기 위해 국내외에서 관광객이 몰려들어 인산인해를 이룹니다. 이 축제는 1930년대 초반까지는 일반적인 거리 축제였어요. 하지만 카니발을 위한 삼바 학교가 하나씩 세워지고 학교별로 퍼레이드를 하면서 점점 큰 축제로 발전하게 되었지요.

라틴 아메리카에서 왜 브라질만
포르투갈 어를 사용할까요?

남아메리카 대륙 대부분은 스페인이 지배하고 브라질만 포르투갈이 지배했어요. 그래서 브라질만 포르투갈 어를 사용하지요. 그렇다면 왜 브라질만 포르투갈이 지배하게 되었을까요? 이유는 1494년에 교황의 중재로 맺어진 토르데시야스 조약 때문입니다. 당시 스페인과 포르투갈은 경쟁적으로 식민지 건설에 나섰어요. 1487년 포르투갈의 바르톨로뮤 디아스는 아프리카 최남단에 있는 희망봉에 도달했습니다. 1498년 바스코 다 가마는 희망봉을 돌아 인도에 갈 수 있는 인도 항로를 개척했어요. 또 1492년 이탈리아의 콜럼버스는 스페인 여왕의 후원을 받아 아메리카를 발견했지요. 이 과정에서 스페인은 콜럼버스가 새로 발견한 지역을 모두 스페인 영토로 인정해 달라고 로마 교황에게 요청했습니다. 당시 교황은 스페인 출신이어서 스페인에 유리한 조약을 맺게 했어요. 서경 46°를 기준으로 동쪽은 포르투갈이 지배하고 서쪽은 스페인이 지배하는 것을 내용으로 하는 토르데시야스 조약을 맺었지요. 서경 46°는 브라질 일부를 지나는 선이었기 때문에 브라질만 포르투갈이 가지게 되었고, 나머지는 모두 스페인이 독차지하게 되었답니다.

은의 나라와 길쭉한 나라 |
남아메리카 남부 국가들

남아메리카에 도착한 백인들은 브라질 남쪽에서 은팔찌를 차고 은 목걸이를 걸고 있는 인디오를 보고는 그 지역에 은이 어마어마하게 많이 날 것이라고 착각했어요. 그래서 나라 이름을 '은의 나라', 자기네 말로는 '아르헨티나'라고 지었지요. 아르헨티나에서는 은이 거의 나지 않지만, 지금도 여전히 은의 나라라고 불려요. 브라질 나무보다 커피나무가 더 많은 나라를 브라질이라고 부르는 것과 마찬가지지요. 아르헨티나에서 라플라타 강(은의 강)을 거슬러 올라가면 덩치 큰 나라 사이에 낀 우루과이와 파라과이가 나옵니다. 이 두 나라는 여러모로 아르헨티나와 닮았어요. 아르헨티나에서 안데스 산맥을 넘으면 칠레가 나옵니다. 칠레는 국토가 길고 가느다란 모양이어서 '길게 늘어진 나라'라고 하지요.

- 아르헨티나는 국토의 40% 이상이 소와 양을 키우는 땅이고, 국민 1인당 육류 소비량이 세계에서 가장 많다.
- 대척점은 지구 위의 한 지점에 대하여 지구의 반대쪽에 있는 지점을 말한다.
- 칠레는 남북으로 길기 때문에 북부는 사막과 아열대성 기후, 중부는 지중해성 기후, 남부는 서안 해양성 기후를 보인다.
- 마젤란은 남아메리카 최남단에 이르러 태평양으로 나가는 길을 발견했다. 이곳은 마젤란의 이름을 따서 마젤란 해협이라 부른다.

육류의 나라, 아르헨티나

은이 많이 나지 않는 아르헨티나는 무슨 나라로 불려야 할까요? 아르헨티나는 밀 농사와 목축이 발달했기 때문에 '은의 나라'가 아니라 '밀의 나라'나 '육류의 나라'라고 이름 붙이는 것이 더 적절했을지도 모릅니다. 아르헨티나 사람들은 광활하게 펼쳐진 농장에서 밀과 옥수수를 기르고, 팜파스라는 대초원에서는 소와 양을 길러요. 국토의 약 40% 이상이 소와 양을 키우는 땅이고, 1인당 육류 소비량이 세계에서 가장 많지요. 보통 소와 양을 돌보는 사람을 '카우보이'라고 하는데, 아르헨티나에서는 '가우초'라고 부른답니다. 가우초는 네모난 담요 한가운데에 구멍을 뚫어 구멍 안으로 머리를 내밀어 입는 옷인 판초를 입어요. 낮에는 판초를 외투처럼 입다가 밤에는 담요로 덮지요. 가우초는 아르헨티나와 우루과이의 독립에 큰 역할을 했지만, 지금은 대부분 농장 일꾼이나 도시의 날품팔이 노동자로 전락했어요.

  아르헨티나와 미국은 더운 여름과 추운 겨울이 있지만, 미국이 여름일 때 아르헨티나는 겨울이고, 아르헨티나가 여름일 때 미국은 겨울이에요. 아르헨티나에서는 뜨거운 여름에 크리스마스가 찾아오고, 반대로 7월과 8월에 눈이 내리고 얼음이 언답니다. 1월과 2월에

부에노스아이레스
남아메리카 최대 도시인 부에노스아이레스는 스페인 어로 '좋은 공기'를 의미한다. 아르헨티나의 정치와 경제, 교통과 문화의 중심지이자 세계적인 무역항이다.

는 꽃과 채소가 자라고, 7월에는 눈이 내리고 얼음이 얼어 썰매와 스케이트를 타지요.

뉴욕이 북아메리카에서 가장 큰 도시라면 남아메리카에서 가장 큰 도시는 아르헨티나의 수도예요. 이곳은 '좋은 공기'라는 뜻의 스페인 어인 '부에노스아이레스'입니다. 부에노스아이레스는 라플라타 강가에 자리 잡고 있어요.

남아메리카에는 순수 백인보다 인디오나 인디오와 백인 사이에서 태어난 혼혈아가 많습니다. 하지만 아르헨티나에는 주로 백인이 많이 살아요. 아르헨티나의 백인은 영국인이 아니라 스페인에서 온 사람들이라서 영어가 아닌 스페인 어를 사용하지요.

우리나라에서 가장 먼 나라, 우루과이

우리나라에서 지구를 정확히 반 바퀴 돌면 우루과이에 갈 수 있어요. 우루과이는 우리나라에서 가장 먼 나라랍니다. 지구의 중심을 지나게 우리나라의 땅 밑을 끝까지 연결하면 우리나라의 정반대에 있는 우루과이가 나오지요.

이렇듯 지구 위의 한 지점에 대하여, 지구의 반대쪽에 있는 지점을 대척점이라고 합니다. 두 지점은 계절과 밤낮이 정반대가 되지요. 서울에서 가장 먼 곳, 즉 서울의 대척점은 우루과이의 몬테비데오 앞바다 정도가 돼요.

우루과이의 수도인 몬테비데오에는 세계적으로 유명한 장미원, 유서 깊은 박물관, 우루과이 대학 등이 있어 남아메리카의 '작은 파리'로 불립니다. 또한, 이곳에는 해안선을 끼고 고급 주택들이 늘어서 있으며 뛰어난 풍경을 뽐내는 해안이 많지요.

몬테비데오

남아메리카의 '작은 파리' 몬테비데오는 1726년 스페인이 성채를 건설한 뒤 무역 기지로 번성한 곳이다.

길쭉한 나라, 칠레

아르헨티나에서 안데스 산맥을 넘어가면 태평양 연안에 칠레가 있습니다. 칠레는 '쌀쌀하다(chill)'는 뜻에서 붙여진 이름이 아니라, 국토 대부분이 산악 지대이고 산꼭대기에 사시사철 눈이 쌓여 있어서 '눈의 나라'라는 뜻으로 붙여진 이름이에요. 칠레는 가느다랗지만 국토 면적은 약 75만 7,000km²로, 남한보다 약 7.7배가량 넓습니다. 국토 길이는 약 4,300km로, 남한보다 10배 정도 길지요. 이렇듯 칠레는 남북으로 긴 나라여서 여러 가지 기후의 특징이 나타나요.

칠레의 북부 지방에는 세계에서 가장 건조한 아타카마 사막이 있어요. 이 지역에는 400년 동안이나 비가 내리지 않은 곳도 있답니다. 칠레의 수도인 산티아고가 있는 중부는 지중해성 기후예요. 지중해성 기후는 남북위 30~40° 사이 중위도 대륙 서안에 나타나는 기후입니다. 여름에는 기온이 높고 건조한 건기가 지속되고, 겨울에는 다소 따뜻한 우기가 된다는 것이 특징이지요. 남부는 눈이 많고 피오르, 빙하, 호수가 있는 서안 해양성 기후를 보입니다. 한랭 기후의 영향을 받아 바람이 심하게 불고 기온이 낮으며 강수량이 많지요.

칠레에서는 안데스 산의 눈이 녹아내린 물을 끌어다가 대규모 관개 농업을 해요. 그 대표적인 농산물이 포도지요. 칠레산 포도주는 프랑스산 포도주 못지않게 유명하답니다.

칠레는 그다지 좋은 땅으로 보이지는 않지만, 사실은 세계에서 가장 풍요로운 땅 중의 하나예요. 물론 사막이라 아무것도 자라지 않고, 다이아몬드나 금이 나지도 않지요. 하지만 칠레 북부의 사막에

칠레의 북부 사막 기후와 아열대성 기후로 연평균 기온 16도를 유지한다. 세계에서 가장 건조한 사막인 아타카마 사막이 있다.

칠레의 남부 눈이 많고 피오르와 빙하, 호수가 있는 서안 해양성 기후를 보인다. 한랭 기후의 영향을 받아 바람이 심하게 불고 기온이 낮으며 강우량이 많다.

캡슐 구조 장면
구조 캡슐 '피닉스'는 산호세 광산 갱도에서 미리 대기 중이던 광부를 싣고 2010년 10월 13일 지상으로 올라왔다.

는 광물 자원, 특히 구리가 풍부해요. 칠레에는 구리가 세계에서 가장 많이 매장되어 있고, 전 세계 구리의 1/3이 칠레에서 생산됩니다. 2006년 기준으로 구리 수출액 역시 세계 수출의 41.1%를 차지해 세계 1위지요.

지난 2010년 8월 5일, 칠레의 산호세 광산이 붕괴해 광부 33명이 지하 700m에 갇혔다가 69일 만에 극적으로 전원 구출된 사건이 있었어요. 이때 칠레 대통령은 "칠레의 자산은 구리가 아니라 인간이며, 자연 자원이 아니라 칠레 인입니다."라며 구조를 독려했지요.

해안 지대는 사람이 살기에 적합하지 않기 때문에 칠레의 수도는 안데스 산맥 높은 곳에 있어요. 칠레의 수도는 '성 제임스'라는 뜻의 산티아고입니다.

칠레 서쪽 남태평양의 외딴섬인 이스터 섬에 세워진 거석상은 아직도 불가사의로 남아 있어요. 도대체 누가, 왜, 어떻게 이 거대한 석상을 만들었을까요? 섬사람들의 이야기와 그곳의 전설에 의하면

'사람의 얼굴을 한 석상은 외계인들이 이 섬에 불시착한 후 고향을 그리워하면서 만든 것'이라고 합니다. 이외에도 이 섬이 가라앉은 무(Mu) 대륙의 일부라는 설과 아틀란티스 대륙의 후예가 살았다는 설까지 있어 신비로움을 더하고 있지요.

모아이라고 불리는 이 거석상은 섬의 해안선을 따라 900여 개 정도가 서 있어요. 높이는 2m에서 20m까지 다양하답니다.

남아메리카의 남단, 마젤란 해협

콜럼버스는 세계를 일주하려고 시도했지만 뜻을 이루지 못했어요. 최초로 배를 타고 세계를 일주한 사람은 마젤란이지요. 마젤란은 콜럼버스처럼 대서양 너머 유럽에서 출발해서 줄곧 항해하다가 아메리카 대륙에 도착했어요. 그리고 남아메리카 해안선을 따라 내려가면서 태평양으로 나가는 길을 찾았지요. 마젤란은 아마존 강 상류까지 거슬러 올라가면서 태평양으로 나가는 길이 나올 것으로 믿었지만 그런 길은 나오지 않았어요. 다음 항해에서 라플라타 강을 거슬러 올라가면서 태평양으로 나가는 길을 찾으려 했지만 끝내 찾지 못했지요.

그러다 남아메리카 맨 끝에 이르러서야 마침내 태평양으로 나가는 길을 찾아냈어요. 매우 구불구불한 해협인 이곳은 마젤란의 이름을 따서 '마젤란 해협'이라고 부른답니다.

마젤란이 남아메리카 남단의 거친 바다를 지나자 놀라울 정도로

마젤란의 항해도

스페인 세비야에서 출발한 마젤란은 마젤란 해협을 거쳐 필리핀 세부 섬에 도착했으나, 막탄 섬에서 원주민과 전투를 벌이다 전사했다. 막탄 섬에 있는 마젤란 사원은 마젤란이 1521년에 죽은 장소라고 추정되는 곳이다.

마젤란의 세계 일주

최초로 배를 타고 세계를 일주한 마젤란은 콜럼버스처럼 대서양 너머 유럽에서 출발해서 줄곧 항해하다가 아메리카 대륙에 도착했다. 그러고는 남아메리카 해안선을 따라 내려가면서 태평양으로 나가는 길을 발견했다.

마젤란 해협(오른쪽)
마젤란 해협과 그 주변을 촬영한 인공위성 사진이다.

티에라델푸에고
세계 일주에 성공한 마젤란이 1520년에 발견한 섬이다. 마젤란은 원주민들이 태우는 불길을 보고 이 섬에 '티에라델푸에고'라는 이름을 붙였다. 티에라델푸에고는 '불의 땅'을 의미한다.

조용한 바다가 나타났어요. 마젤란은 그 바다에 '평온한 바다(태평
양)'라는 이름을 붙였지요.

마젤란은 그 왼편으로 수많은 연기와 불길이 솟아오르는 것을 보
았어요. 그것이 당시에 활동 중이던 화산에서 나온 불길이었는지,
아니면 인디오가 피운 불길이었는지는 아무도 모릅니다. 어찌 됐든
마젤란은 이곳에 '불의 땅'이라는 뜻의 스페인 어인 티에라델푸에고
라는 이름을 붙여 주었어요. 그 오른편으로 지금은 아르헨티나 남부
지방에 해당하는 곳에는 발이 큰 인디오가 살았습니다. 마젤란은 이
사람들을 '발이 큰 사람들'이라는 뜻의 파타고니아라고 불렀어요.
이 지역에 형성된 대규모 빙하는 안데스 산맥에 내리는 많은 비로
말미암은 것입니다. 남서쪽에서 거센 편서풍이 안데스 산맥에 부딪

치기 때문에 칠레 쪽은 비교적 비가 많지요.

마젤란이 항해한 이후 수백 년 동안 수많은 배가 마젤란 해협을 따라 여행했습니다. 남아메리카 가장 남쪽에 있는 혼 곳까지 완전히 돌아서 나가는 배도 있었지만, 그 길은 거세고 위험한 폭풍우가 자주 일어나서 대부분 배는 마젤란 해협을 통해 지나다녔어요.

마젤란 해협에는 오늘날의 휴게소처럼 지나는 배가 계속 항해할 수 있도록 중간에 식량을 공급해 주는 소도시가 성장했어요. 주변에 달리 마땅한 장소가 없었을 뿐 아니라 대서양에서 남아메리카를 따라 내려가다가 태평양으로 나가 다시 위로 올라가는 길고 긴 여행이어서 이 소도시는 유용한 중간 지점 역할을 했지요. 이 소도시의 이름은 푼타아레나스인데, 영어로는 'sandy point(모래 곳)'라는 뜻이에요. 푼타아레나스는 푸에고 섬의 우수아이아를 제외하면 세계 최남단에 있는 도시지요. 지금은 대부분 배가 파나마 운하를 이용하는 바람에 휴게소 역할을 하던 푼타아레나스의 중요성이 떨어진 것은 사실이에요. 하지만 지금 이곳은 휴게소 역할 대신 다른 사업으로 떠오르고 있습니다. 티에라델푸에고에서 기른 양의 털을 깎아 푼타아레나스로 운반한 후 세계 각지로 떠나는 배에 선적하는 사업이지요.

마젤란(1480~1521년) 동상
마젤란은 세계 일주를 하던 도중 태평양과 대서양을 잇는 마젤란 해협을 발견했다. 이 동상은 당시 중심항으로 크게 번성했던 푼타아레나스에 있다.

아타카마 사막이 세계에서 가장 건조한 이유는 무엇일까요?

칠레 북부의 태평양 연안에 있는 아타카마 사막은 약 2,000만 년 동안 건조 상태를 유지하고 있다고 합니다. 어떤 지역은 400년 동안 비가 한 방울도 내리지 않았다고 해요. 비가 거의 내리지 않는 지역을 사막이라고 하지만, 아타카마 사막은 사막 중에서도 가장 비가 안 오는 곳이라고 할 수 있지요. 아타카마 사막이 건조한 이유는 페루 앞바다를 지나는 해류 때문입니다. 이 해류를 훔볼트 해류라고 하는데, 남극 쪽에서 적도를 향해 올라가는 찬 성질의 해류예요. 이 지역의 위도는 남위 20° 정도여서 상당히 더운 지역입니다. 그래서 찬 해류가 가져온 냉기와 상대적으로 뜨거운 육지의 공기가 만나게 되지요. 이때 무겁고 찬 공기는 아래쪽에, 가볍고 뜨거운 공기는 위쪽에 놓여서 대기는 지극히 안정적인 상태가 됩니다. 원래 따뜻한 공기가 상승하면서 구름이 생겨 비가 오는데, 이 지역은 그 반대의 상태가 된 것이지요. 그래서 비가 내릴 수 없답니다. 이런 것을 '역전층'이라고 해요. 비가 오지 않는 대신 찬 공기와 따뜻한 공기가 만나 안개가 많이 발생하지요. 이 지역 사람들은 커다란 그물을 수직으로 세워 놓고 그물을 통과하는 안개 입자가 서로 만나 생기는 물방울을 받아서 생활용수로 이용한다고 합니다.

아타카마 사막

8 끊임없는 갈등의 현장, 아프리카

　세계에서 두 번째로 큰 대륙인 아프리카는 동쪽에 인도양, 서쪽에 대서양, 북쪽에 지중해를 접하고 있어요. 아프리카는 세계 최대의 사막인 사하라 사막을 기준으로 북부 아프리카와 중·남부 아프리카로 나뉩니다.

　북부 아프리카는 지중해 연안과 아틀라스 산맥, 사막과 초원으로 구분됩니다. 북부 아프리카의 기후는 대부분 건조 기후예요. 강수량이 적어 건조한 초원과 넓은 사막이 나타나지요. 이 지역에서 사람들은 일찍부터 유목 생활을 해 왔고, 물을 얻을 수 있는 곳에서는 오아시스 농업이 발달하기도 했어요.

　중부 아프리카는 대서양 연안 지역과 콩고 분지, 사바나 지대, 고원 지대 등으로 나눌 수 있습니다. 남부 아프리카는 아프리카 북부 지역과 비교하면 대부분 지대가 높아요. 거의 모든 지역이 해발 600~800m 사이에 있답니다.

　중·남부 아프리카의 기후는 대부분 열대 기후에 속해요. 열대 우림 주변에 있는 사바나 초지는 토양이 비옥하고 개발이 쉽습니다. 그래서 이 지역은 일찍부터 농경과 목축이 발달했고, 지금도 다양한 민족이 전통 농업과 플랜테이션에 종사하며 살아가고 있어요. 또한, 이 지역은 넓은 열대 우림과 사바나가 펼쳐져 야생 동물의 천국이기도 하지요.

모로코
튀니지
지중해
서사하라
알제리
리비아
이집트
오리타니
말리
니제르
차드
수단
에리트레아
감비아
세네갈
기니비사우
부르키나
파소
지부티
기니
소말리아
시에라리온
콩트
디부아르
베냉
나이지리아
에티오피아
라이베리아
가나
토고
중앙아프리카
공화국
카메룬
우간다
케냐
콩고
대서양
가봉
콩고 민주
공화국
빅토리아 호
탕가니카 호
탄자니아
인도양
앙골라
말라위 호
잠비아
모잠비크
짐바브웨
마다가스카르
나미비아
보츠와나
스와질란드
남아프리카
공화국
레소토

1 열강들이 갈라놓은 메마른 대륙 |
유럽의 식민 지배와 사막화

15세기 말부터 시작된 유럽 열강들의 식민 지배는 아프리카에 큰 영향을 끼쳤어요. 19세기 초 노예 무역이 끝나기 전까지 2,000만 명이 넘는 아프리카 흑인들이 아메리카 대륙으로 끌려갔지요. 아프리카의 불행은 서구 열강들의 식민지 개척이 시작되면서 본격화되었어요. 19세기 중반 노동력을 확보하기 위해 아프리카에 발을 디딘 영국, 프랑스, 독일, 벨기에 등은 본격적인 수탈을 시작하며 아프리카 대륙에 고통의 씨앗을 심기 시작했습니다. 아프리카가 이러한 식민 굴레에서 벗어난 것은 1945년 이후였어요. 1960년대에는 많은 아프리카 국가가 독립의 기쁨을 맛보았지만, 이때부터 분쟁이 시작되었지요. 이러한 아프리카의 비극은 오늘날에도 이어지고 있어요.

- 아프리카는 영국과 프랑스, 스페인 등 서구 열강의 이해관계에 따라 국경이 분할되면서 민족 · 종교 분쟁이 끊이지 않고 있다.
- 열대 우림 지역의 대표적 농업 형태인 이동식 농업은 밀림을 불태우고 남은 재를 비료로 사용해 경지를 개간하는 방식을 말한다.
- 사막화는 가뭄과 과잉 경작, 과잉 목축, 삼림 벌채 등이 합쳐져 식물이 자라지 않는 황폐한 땅으로 변해 가는 현상이다.

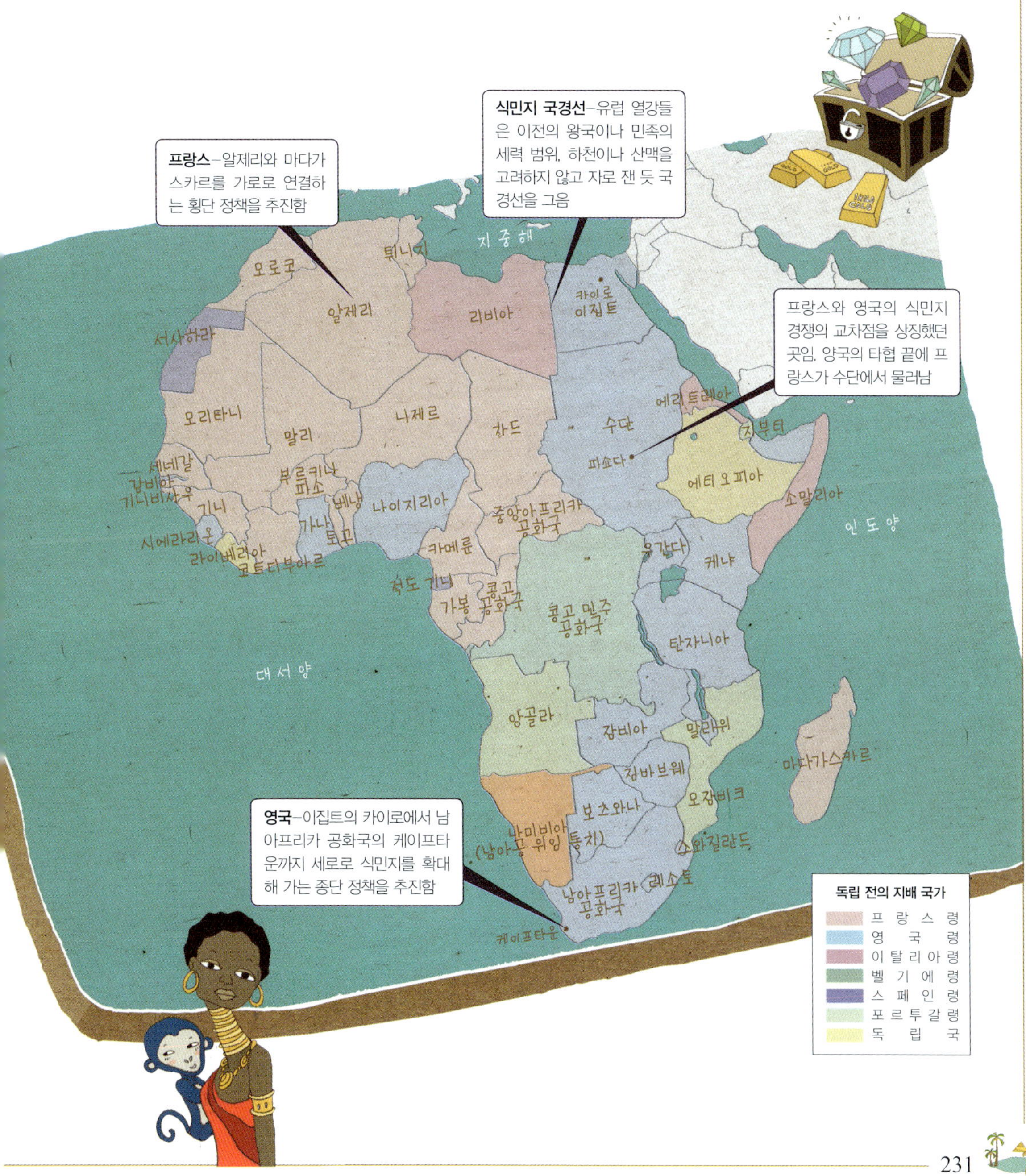

'순수의 땅'에 지울 수 없는 상처를 긋다

같은 나라 사람이면서도 서로 말이 통하지 않는 경우가 있습니다. 아프리카에서는 특히 이런 현상이 심해요. 심지어 한 나라의 축구 대표팀에 소속되어 있으면서도 선수들끼리 서로 말이 통하지 않는 일도 있답니다. 왜 그럴까요? 아프리카는 19세기에서 20세기에 걸쳐 영국, 프랑스, 스페인, 포르투갈, 독일 등 서구 열강의 이해관계에 따라 분할되었기 때문이에요.

당시 치열한 경쟁을 벌였던 유럽 열강들은 서로 간의 충돌을 최소화하고 자국의 편의를 위해 마음대로 국경을 나누어 버렸습니다. 일반적으로 국경을 나누는 기준을 전혀 고려하지 않은 것이지요.

경계선을 그을 때는 이전의 왕국이나 민족의 세력 범위는 물론 하천이나 산맥 등의 경계도 고려해야 합니다. 그런데 유럽 열강들은 지도상에서 적당히 선을 긋기로 타협했어요. 특히 사하라 사막이나 칼라하리 사막 주변은 제대로 조사하지도 않고 멋대로 나눈 탓에 국경선이 아예 일직선이 되어 버렸지요.

열강들이 자를 대고 이리저리 그은 것 같은 선은 아프리카 국가들의 독립 후 그대로 국경선으로 굳어졌습니다.

이에 따라 같은 종족이 다른 국가로 나뉘거나 서로 적대적 관계였던 종족이 한 국가가 되는 상황이 발생했어요.

세계에서 일어나는 많은 민족·종교 분쟁이 아프리카에서 일어났고, 지금도 전체 국가의 절반 이상이 분쟁에서 벗어나지 못하고 있습니다. 1960년대 이후 이러한 분쟁 때문에 희생된 사람이 1,700만 명에 달해요. 이처럼 열강의 식민 지배는 지울 수 없는 많은 갈등과 상처를 남겼지요.

이동식 화전 농업이 열대림을 파괴하다

이동식 농업은 열대 우림 지역의 대표적인 농업 형태예요. 토양이 척박해서 적당한 밀림을 불태운 후, 그 재를 비료로 해 경지를 개간하는 방식이지요. 이러한 방식으로 한자리에서 4~5년간 경작하면 지력이 떨어지고 나무와 잡초가 자라서 더는 농사를 지을 수가 없어요. 그래서 다른 곳으로 자리를 옮겨 다시 경작을 시작한답니다.

이러한 이동식 화전 농업은 생산성이 낮고 열대림 파괴라는 문제를 안고 있어요. 하지만 대부분의 원주민은 이러한 농업 방식으로 옥수수, 얌, 카사바 등의 식량 작물을 재배하면서 살아가지요.

아프리카의 플랜테이션은 유럽의 아프리카 식민 정책 이후 빠른 속도로 발달했어요. 이것은 선진국의 자본과 기술, 원주민의 노동력이 결합해 단일 작물을 대량 생산하는 농업 형태랍니다. 플랜테이션은 연중 고온 다우한 기후와 사바나 기후에 따라 재배 작물의 차이를 보여요.

유럽 사람들은 교통이 편리한 해안 지대와 하천 유역을 중심으로

커피를 확인하는 직원
아라비카 커피의 원산지인 에티
오피아에서는 커피 관련 산업이
크게 발달했다.

값싼 원주민의 노동력을 이용해 카카오, 커피, 목화, 사탕수수 등을 대규모로 재배하는 플랜테이션을 경영해 나갔습니다. 이들이 가장 먼저 진출한 기니 만 연안 지역은 플랜테이션 경영에 적합한 곳이었어요. 이곳은 강수량이 많아 세계 카카오 생산의 약 절반을 차지하고 있지요. 에티오피아의 아비시니아 고원이 원산지인 커피 재배는 19세기에 이르러 사바나 지역으로 확산했어요.

제2차 세계 대전 이후 플랜테이션은 유럽 사람이 경영하던 대규모 농원이 줄어들고 원주민이 소규모로 경작하는 형태로 바뀌었어요. 현재 플랜테이션은 규모가 많이 줄어들었고, 시장 가격의 변동이나 자연재해 등에 대비해 단일 재배에서 벗어나 다각적 경영으로 변하고 있습니다. 하지만 상품 작물에 경제적 기반을 두고 있는 일부 국가들은 재배 작물의 다양화에도 기술 낙후, 자본 부족 등으로 어려움을 겪고 있어요. 이 때문에 원주민들의 식량 부족 현상도 두드러지고 있답니다.

사하라 남부에 불어닥친 모래바람

건조한 지역은 나무는 자라지 못하고 키가 작은 풀들만 자라요. 이 식물들이 있어서 그나마 토양 침식을 막을 수 있지요. 그런데 경사면의 식물들을 뽑아내고 경작하게 되면 겉으로 드러난 토지가 물이나 바람의 영향으로 침식하게 됩니다. 게다가 과잉 경작과 목축까지 더해지면 이러한 토양 침식은 빠르게 진행되지요. 이러한 땅에 가축들이 들어와 풀뿌리까지 뜯어 먹게 되면 결국 아무것도 나지 않는 땅이 돼요.

이렇게 가뭄에다가 과잉 경작, 과잉 목축, 삼림 벌채 등의 인위적 요인이 합쳐져 식물이 자라지 않는 황폐한 땅으로 변해 가는 현상을 사막화라고 합니다. 사막화가 가장 심하게 진행되고 있는 지역은 사하라 남부의 사헬 지역이에요.

사헬 지역의 사막화는 장기간의 가뭄과 개간, 방목 등으로 말미암은 식생 파괴가 원인입니다. 좀 더 근본적인 원인은 인구 증가에 있다고 할 수 있지요. 유럽의 식민 지배 동안 아프리카의 다른 지역 사람들이 사하라 사막 주변으로 이주했어요. 이들은 생계를 위해 화전을 하거나 삼림을 벌채하고 방목을 했지요. 그래서 토양이 침식하고 사막화가 이루어진 거예요. 또한, 가축이

급격히 늘어나면서 생태계 균형은 급속도로 무너지기 시작했지요.

사막화가 진행되는 지역에서는 많은 사람이 기아에 시달리고 때로는 난민이 되기도 합니다. 지난 40년 동안 2,400만 명이 사막화 때문에 고향을 떠나야 했고, 곡물을 재배하는 땅의 1/3이 황폐한 사막으로 바뀌었어요.

현재 이러한 피해를 막기 위한 국제적인 노력이 진행되고 있습니다. 국제 연합은 1994년에 사막화 방지 협약을 채택했어요. 이 협약은 심각한 가뭄이나 사막화의 영향을 받는 아프리카 국가에 대한 재정적 · 기술적 지원, 개발 도상국의 사막화 대응 능력 향상 등을 목적으로 하고 있답니다.

최근 아프리카에서 발생하고 있는 분쟁에는 어떤 것이 있을까요?

최근 독립한 남수단의 분쟁이 심상치 않아요. 남수단은 '울지마 톤즈'로 유명한 고 이태석 신부가 생애 마지막까지 봉사 활동을 하던 곳이기도 합니다. 수단은 1956년 영국과 이집트의 공동 통치에서 독립할 때 영국이 우간다 지배하에 있던 남수단을 멋대로 병합하면서 내전을 겪게 되었어요. 무슬림이 장악한 북부 수단은 기독교와 토속 신앙을 믿는 남부 수단을 철저히 차별하는 정책을 폈기 때문이지요. 두 차례의 큰 내전으로 200만 명 이상이 목숨을 잃었고, 수많은 난민이 발생했습니다. 결국, 2011년에 시행된 국민 투표에서 남수단 사람들의 98.8%가 독립에 찬성했어요. 그래서 남수단은 2011년 7월 국제 연합이 인정한 193번째 독립 국가가 되었지요. 하지만 매장량의 약 80%가 분포하고 있는 국경 지대의 국경선이 아직 확정되지 않아 석유 자원의 배분 등을 둘러싸고 남북 간의 군사 충돌 가능성이 여전합니다. 또 국민 대다수가 절대 빈곤층인 사실과 낮은 교육 수준, 부족한 의료 시설 등도 시급히 해결해야 할 과제예요.

2 인간이 만든 산 | 이집트

이집트는 지리적으로 아프리카, 아시아, 유럽을 잇는 곳에 있어서 다른 나라의 침략이 잦았어요. 세계 4대 문명의 발상지인 이집트는 중세에 동로마 제국 일부가 되기도 했고, 아랍의 무슬림과 오스만 제국에 정복되기도 했습니다. 1798년 프랑스의 나폴레옹이 쳐들어왔으나 영국이 프랑스를 몰아내고 이집트를 통치하기 시작했어요. 이집트는 1922년 영국으로부터 독립을 쟁취했지요. 이집트 국토의 95%는 사막 지대여서 대부분의 이집트 사람들은 물을 끌어 쓸 수 있는 나일 강 주변에 모여 산답니다.

- 세계 7대 불가사의 중 하나인 피라미드는 고대 이집트 왕의 무덤으로 돌로 쌓아 올린 건축물이다.
- 수천 년간 해마다 범람해 온 나일 강은 강 유역과 삼각주 평야에 비옥한 토양을 퇴적시켜 곡창 지대를 만들었다.
- 완벽한 대칭을 자랑하는 하트셉수트 장제전은 후대 건축에도 영향을 준 장례 사원 복합체의 주요 건물이다.
- 나일 강이 지중해로 흘러 들어가는 지점에 있는 알렉산드리아는 알렉산더 대왕이 세운 항구 도시다.

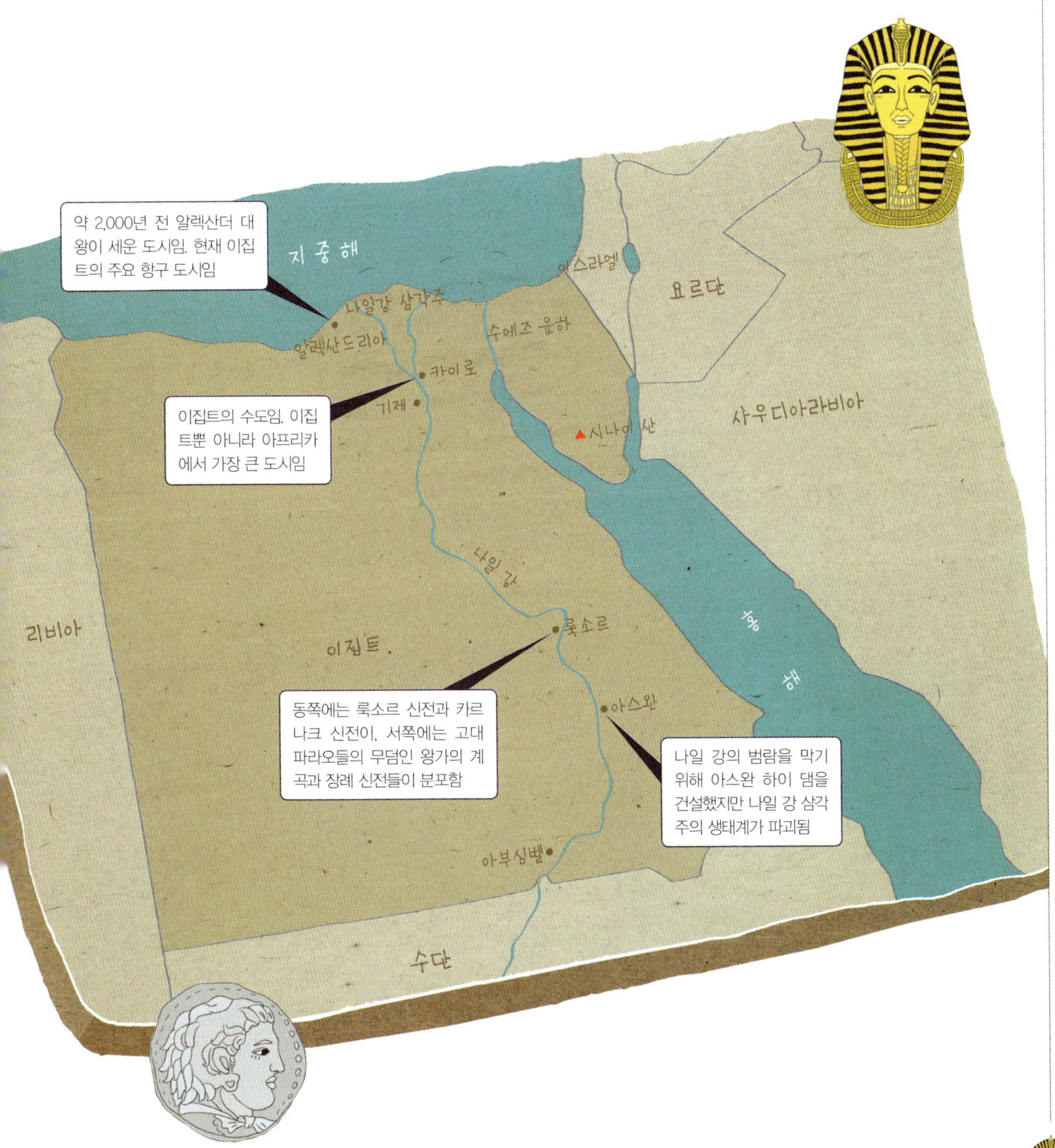

피라미드와 스핑크스

무려 5,000년을 산 이집트 왕이 있습니다. 강력한 군주였던 그는 죽어서 먼지가 되고 싶지 않았어요. 먼지가 되어 버리면 심판의 날에 다시 태어날 수 없기 때문이지요. 그래서 그는 자기가 죽으면 시신에 방부 처리를 해서 붕대로 감은 다음, 아무도 만지거나 가져갈 수 없게 산 모양으로 돌을 쌓아 그 안에 보관하라고 명령했어요. 돌로 쌓은 산은 그가 죽기 전에 완성되었지요.

그러나 일단 죽고 나면 무슨 일이 일어나도 알 수가 없는 법이에요. 수많은 백성을 거느리던 이집트 왕은 현재 돌로 만든 산 대신 박물관에 누워 있습니다. 관리인이 매일 왕의 얼굴에 쌓인 먼지를 털

고 주위를 깨끗이 청소하지요. 이렇게 썩지 않도록 방부 처리를 해 붕대로 감은 시체를 미라라고 해요.

이집트 왕이 사후에 본인의 무덤으로 쓰기 위해 돌로 쌓아 올린 산은 세계 7대 불가사의 중 하나인 피라미드예요. 고대 이집트 왕들은 저마다 선대의 왕보다 더 크고 훌륭한 피라미드를 짓고 싶어 했습니다. 이집트 피라미드 중 가장 큰 것은 그리스도가 탄생하기 약 3,000년 전에 숨을 거둔 쿠푸 왕이 건설한 피라미드예요. 무려 10만 명의 일꾼이 20년이나 걸려 완성했다고 하니 그 규모를 짐작할 만하지요.

피라미드의 측면은 원래 매끈하게 경사가 져 있었어요. 그런데 사

기제의 3대 피라미드
왼쪽부터 쿠푸 왕의 대피라미드, 화강암 외피가 보이는 카프레 왕의 피라미드, 멘카우레 왕의 피라미드다.

발굴 중인 피라미드와 스핑크스
고고학자들이 피라미드와 스핑크스를 발굴하면서 이집트 역사에 대한 이해가 더 높아지고 있다.

람들이 다른 건물을 짓는 데 쓰려고 측면의 돌들을 빼내는 바람에 지금은 돌을 마구 쌓아 놓은 것처럼 경사면이 울퉁불퉁해졌지요. 그 돌을 밟고 꼭대기까지 올라갈 수 있을 정도예요. 고대 이집트 왕들의 무덤인 피라미드는 단단한 돌을 쌓아 만들었습니다. 중앙에는 작은 공간이 있어 왕의 시신과 왕이 생전에 사용했던 물건들을 놓아두었지요. 고대 이집트 사람들은 생전에 사용하던 물건은 죽어서도 옆에 두어야 한다고 생각했어요. 심판의 날에 긴긴 잠에서 깨어나면 다시 그 물건을 가지고 생활해야 한다고 믿었기 때문이지요.

고대 이집트 사람들은 쿠푸 왕의 시신을 피라미드 안에 넣은 뒤 시신으로 연결되는 통로를 돌로 쌓아 막아 버리고 모든 흔적을 없앴어요. 아무도 쿠푸 왕의 시신을 찾을 수 없게 하기 위해서였지요. 하지만 누군가 쿠푸 왕의 미라와 그의 유물들을 모두 훔쳐 갔어요. 이제 심판의 날에 쿠푸 왕의 영혼이 깨어난다고 하더라도 육신을 찾지 못하게 된 것이지요.

고대 이집트 사람들은 신화 속의 신과 동물을 숭배했어요. 그들은 황소와 딱정벌레를 신성하다고 생각해서 미라로 만들어 보관하기도 했답니다. 그러나 현재 이집트 인구의 90%가 이슬람교를 믿어요. 그래서 현재 이집트 사람들은 피라미드 대신 아름다운 모스크를 짓지요.

거대한 피라미드 옆에는 스핑크스가 있어요. 스핑크스는 사자의 몸과 이집트 왕의 머리를 가진 석상입니다. 그리스에서는 여자의 얼굴을 가진 스핑크스가 길가에 앉아 지나가는 사람들에게 다음과 같은 수수께끼를 낸다는 이야기가 있어요. "아침에는 네 다리로, 낮에는 두 다리로, 밤에는 세 다리로 걷는 짐승이 무엇이냐?" 많은 사람이 이 질문에 답하지 못해 스핑크스에게 잡아먹혔지요. 그러다 마침내 한 사람이 정답을 말했어요. "정답은 인간입니다. 어렸을 때 네 다리로 기고, 자라서는 두 다리로 걷고, 늙어서는 지팡이를 짚어 세 다리로 걷기 때문입니다." 그는 목숨을 건질 수 있었지요.

그리스의 스핑크스는 여자지만 이집트의 스핑크스는 남자예요. 이집트의 스핑크스는 수수께끼로 행인을 시험하지도 않지요. 고대 이집트 사람들은 스핑크스를 태양의 신이라 믿었어요. 스핑크스와 피라미드는 이집트에서 가장 긴 강인 나일 강 유역에 밀집해 있답니다.

이집트는 나일 강의 선물

길이가 6,671km인 나일 강은 세계에서 두 번째로 긴 강이에요. 나일 강은 여러 갈래로 갈라져 지중해로 흘러 들어가지요.

두 갈래로 갈라진 강 사이의 땅을 영어로는 델타(delta), 우리말로는 삼각주라고 합니다. 지형이 삼각형 모양, 즉 그리스 문자 '△(델타)'와 비슷하게 생겨 델타라는 명칭이 붙었지요.

이집트 남부 지방에는 비가 거의 내리지 않지만, 북부 지방에는 여름에 비가 많이 내려요. 폭우 때문에 나일 강이 범람하면 주변 지대에 엄청난 양의 진흙 토양이 형성되지요. 이집트 사람들은 비옥한 진흙 토양에서 밀을 생산하고 질 좋은 목화를 재배합니다.

과거에는 나일 강이 일 년에 딱 한 차례만 넘쳐흘렀어요. 나일 강이 넘치지 않을 때에는 토양이 메말라서 사람이 직접 나일 강으로 내려가 물을 끌어와야 했지요.

1900년대 초 사람들은 아스완에 거대한 댐을 건설해 나일 강의 범람을 막고 깊은 호수를 만들었어요. 그 후로 나일 강이 한 번에 크게 범람하는 일은 사라졌지요. 대신 필요할 때마다 댐을 열고 물을 내보낼 수 있게 되었답니다.

역사학자 헤로도토스는 "이집트는 나일 강의 선물이다."라고 말했어요. 그런데 문명의 발상지이자 곡창 지대인 나일 강 삼각주가 아스완 하이 댐이 생긴 후부터 바다 물결에 깎여 나가기 시작하더니 날이 갈수록 점점 좁아지고 있습니다. 생태계에도 영향을 미쳐 그 많던 물고기들도 서서히 사라지기 시작했지요.

이집트에서 가장 아름다운 신전으로 꼽히는 아부심벨 신전이 바로 아스완 댐 옆에 있어요. 아스완 댐 때문에 부근의 수위가 높아지자 유네스코는 현대 공학의 힘을 빌려 원형 그대로 유지하면서 70m를 끌어올려 다시 설치했답니다.

문명이 문명을 삼키다

룩소르는 남부 이집트의 최대 도시예요. 나일 강을 기준으로 룩소르의 동쪽에는 룩소르 신전과 카르나크 신전이, 서쪽에는 고대 파라오들의 무덤인 왕가의 계곡과 장례 신전들이 방대한 지역에 걸쳐 분포하고 있습니다. '세계 최대의 야외 박물관'이라는 명성을 얻고 있는 룩소르를 찾아오는 관광객이 날로 늘고 있어 지역 경제의 대부분은 관광에 의존하고 있지요. 이 정도 되면 룩소르를 '문화 유적 답사의 메카'라고 불러야 할 거예요.

룩소르 신전 북쪽에 있는 카르나크 신전은 현존하는 신전 가운데 최대 규모입니다. 신전 입구에는 양의 머리를 한 스핑크스가 양쪽으로 늘어서 있어요. 카르나크 신전에서 가장 큰 신전은 아몬 대신전이에요. 태양을 상징하는 아몬 신은 기독교에서 기도가 끝나고 외치는 '아멘'의 어원이 되었다는 설도 있지요.

하트셉수트는 '가장 고귀한 숙녀'를 의미하며 고대 이집트 18왕조의 다섯 번째 파라오였어요. 그녀는 이집트 왕조의 여왕 중 가장 긴 재위를 기록했지요. 어쩌면 하트셉수트가 클레오파트라보다 더 매력적인 캐릭터였는지도 모릅니다. '가장 고귀한 숙녀'였으니까요. 하트셉수트의 장제전은 완벽한 대칭을 자랑하는 하트셉수트의 장례 사원 복합체의 주요 건물이에요. 이 건물의 대칭 양식은 후대의 건축에도 많은 영향을 미쳤답니다.

　찬란한 문명을 꽃피웠던 이집트에는 유난히 사막 지대가 많습니다. 특히 이집트 신왕국 시대의 왕릉이 모여 있는 왕가의 계곡은 그 속에 아름다운 유적이 숨어 있지 않았다면 사람들은 단순히 사막으로만 생각했을 거예요. 그렇다면 왜 고대 유적지는 주로 사막에 있을까요? 세계 4대 문명의 발상지인 인더스 강 유역, 티그리스와 유프라테스 강 유역의 문명도 지금은 모두 모래 속에 묻혀 있어요.

　나일 강의 범람은 매년 경작지에 기름진 토양을 제공하는 원천이었어요. 이집트의 번영은 나일 강 상류에 울창한 삼림이 남아 있었던 로마 시대까지 계속되었지요.

아부심벨 신전
고대 이집트 제19왕조의 왕인 람세스 2세가 건축한 신전이다. 신전 입구에는 높이 20m에 달하는 네 개의 람세스 2세 상이 놓여 있는데, 왼쪽부터 20대, 30대, 40대, 50대 왕의 모습을 표현했다고 한다. 30대 상의 상부는 지진으로 떨어져 발밑에 놓여 있다.

　하지만 인구가 증가하면서 사람들은 앞다퉈 나무를 베어다가 숯을 만들었어요. 베어낸 나무는 대규모 공사와 전쟁에도 사용되었지요. 그리스와 로마에 장작과 숯 등을 팔게 되면서 사람들은 오지의 삼림까지도 벌채하기 시작했어요. 오랫동안 삼림을 파괴한 결과 이집트에는 자연재해가 잦아졌습니다. 결국, 경작지는 사막으로 변했고, 유적들은 모래 속에 묻히기 시작했지요. 이집트에는 아직도 모래 속에서 잠자고 있는 유적들이 수없이 많아요.

　삼림 벌채가 본격화된 로마 시대 이후부터 사막화가 급속히 진행되었습니다. 그 결과 지중해 연안을 제외한 이집트의 거의 모든 국토가 모래 속에 묻히게 되었어요.

　어쩌면 파라오의 무덤과 대규모 신전들이 스스로 이집트 문명의 진행을 멈추게 했는지도 모릅니다. 대규모 토목 공사를 위해 인간이 숲을 파괴했기 때문이에요. 문명이 문명을 삼킨 것이지요. 자연을 보호하고 가꾸지 않는 문명은 오히려 무시무시한 결과를 낳는답니다.

람세스 2세 상

카르나크 신전

오랫동안 테베에서 숭배받아 온 아몬, 무트, 콘수 신의 신전이 있는 신전 군(群)이다. 이집트에 존재하는 신전 중 가장 오래되고 규모가 크다. 룩소르에서 가장 숭배받는 아몬 신을 모신 아몬 대신전을 중심으로 다수의 소규모 신전이 복합적으로 배치되어 있다.

카르나크 신전의 람세스 2세 석상
람세스 2세를 나타낸 거대한 석상이다. 두 다리 앞에는 그의 딸이 조각되어 있다.

카르나크 신전의 기둥 제탑문과 제2탑문을 지나면 카르나크 신전의 백미로 꼽히는 다주실이 나온다. 이곳에는 높이 23m, 둘레 15m에 달하는 거대한 기둥 134개가 있다.

카르나크 신전 입구 숫양 머리를 한 스핑크스가 좌우로 늘어선 길을 지나면 제1탑문이 나온다.

하트셉수트 장제전
왕실의 권위를 보여 주는 하트셉수트 장제전은 이집트 제18왕조 제5대 파라오인 하트셉수트를 예배하는 곳이다.
장제전 주랑 현관 부조에는 약 22년간 이집트를 통치한 하트셉수트의 업적이 기록되어 있다.

하토셉수트

왕가의 계곡
이집트 신왕국 시대의 왕릉이 모여 있는 곳이다. 서부 사막의 암벽들이 하트셉수트 장제전을 감싸고 있다.
장제전 위로 솟아 있는 절벽 뒤로 '왕가의 계곡'으로 알려진 거대한 골짜기가 보인다.

알렉산드리아와 카이로

지금으로부터 약 2,000년 전에 알렉이라는 소년이 살고 있었어요. 소년은 커서 그리스의 위대한 왕이 되었는데, 그가 바로 알렉산더 대왕이랍니다. 알렉산더 대왕은 나일 강이 지중해로 흘러 들어가는 지점에 도시를 세우고 알렉산드리아라 이름 붙였어요.

알렉산더 대왕이 눈을 감은 지 2,000년이라는 세월이 흘렀지만, 그의 도시 알렉산드리아는 여전히 이집트의 주요 항구 도시로 살아 있지요.

알렉산드리아에서 나일 강을 따라 남쪽으로 조금 내려가면 이집

알렉산드리아
지중해에 있는 아름다운 항구 도시다. 매년 여름 약 2,000만 명의 관광객이 이곳을 찾는다.

트의 수도인 카이로가 나옵니다. 카이로는 이집트뿐 아니라 아프리카 대륙 전체에서 가장 큰 도시예요.

비행기를 타고 높은 하늘에서 카이로를 내려다본다고 상상해 보세요. 모든 것이 깨알같이 보이겠지만, 그럼에도 카이로가 기독교가 아닌 이슬람교를 믿는 도시라는 사실은 금세 알아차릴 수 있을 것입니다.

어떻게 그럴 수 있느냐고요? 카이로에는 교회의 뾰족탑 대신 돔과 미나레트가 곳곳에 있기 때문이에요. 카이로는 세계에서 가장 아름다운 모스크가 모여 있는 도시랍니다.

나일 강 고대 이집트 사람들은 나일 강이 생명을 사후 세계로 연결해 주는 통로라고 믿었다. 나일 강은 고대 이집트 문명의 발상지이기도 하다.

카이로 전경 1,000년이 넘는 역사를 간직한 카이로는 옛것과 새것, 동양과 서양의 조화가 이루어진 곳이다.

이집트 사람들에게 나일 강은 어떤 의미일까요?

이집트 사람들은 나일 강을 조금만 벗어나도 사람이 살기 어려운 황량한 사막을 만나게 됩니다. 그래서 이집트 사람들의 삶에서 나일 강을 빼면 아무것도 안 남을 정도지요. 나일 강은 이집트 사람들에게 먹을 것을 주고, 입을 것을 주고, 잠잘 곳도 마련해 주기 때문이에요. 나일 강이 해마다 범람해서 홍수를 일으켜도 이집트 사람들은 두려워하지 않고, 막거나 피하려 하지도 않았습니다. 왜냐하면 나일 강이 범람하는 시기와 범람하는 정도가 일정했고, 나일 강이 범람하면서 나일 강 주변에 기름진 흙을 실어다 주기 때문이었어요. 해마다 5월에서 10월 사이 나일 강 상류의 에티오피아와 수단에서는 우기를 맞이합니다. 이때 내린 비로 나일 강의 강물이 점점 늘어나다가 우기의 마지막인 9월에서 10월이 되면 최고조에 이르러 나일 강 주변을 온통 물바다로 만들지요. 이집트 사람들은 물이 빠지기를 기다렸다가 나일 강이 범람하면서 퇴적시킨 비옥한 흙에 밀과 보리씨를 뿌리고 이듬해 다시 나일 강이 범람하기 전까지 수확을 마쳐요. 이런 방법으로 기원전 6000년경부터 농사를 지었다고 합니다. 또한, 나일 강의 범람을 예측할 수 있도록 천체 운행과 관련지어 만들었던 달력은 오늘날 우리가 사용하는 달력의 시초가 되었어요. 그리고 범람으로 토지 경계가 사라졌을 때 경계선을 찾기 위해서는 측량 기술이 발전할 수밖에 없었는데, 이는 피라미드 건설의 기초가 되었답니다.

나일 강을 뜻하는 고대 이집트 어

3 아프리카의 지중해 국가들 |
리비아, 튀니지, 모로코

영화 '카사블랑카'를 아시나요? 카사블랑카는 원래 모로코의 항구 도시인데 영화 제목으로 더 유명하지요. 모로코는 마그레브(Maghreb)로 불리는 나라 가운데 하나예요. 아랍 어로 '해가 지는 지역' 또는 '서쪽'이라는 뜻을 지니고 있는 마그레브는 알제리, 튀니지, 리비아, 모로코 등 아프리카 북서부 일대를 가리킵니다. 이 지역 나라들은 언어와 종교가 같고 지중해에 접해 있어요. 북아프리카의 이슬람권 지역이지만 유럽과 가까워서 서구 문화와 이슬람 전통문화가 섞여 있지요.

- 리비아는 대수로 공사를 통해 사하라 사막의 지하수를 끌어올려 수도인 트리폴리까지 물을 공급하고 있다.
- 북아프리카에서 가장 좋은 자연환경을 가진 튀니지는 넓은 농경지에서 밀과 보리, 올리브, 대추야자 등을 재배한다.
- 모로코 최북단은 지브롤터 해협을 사이에 두고 유럽 대륙과 14km밖에 떨어져 있지 않아 예부터 유럽과 아프리카를 잇는 관문 역할을 해 왔다.
- 세계 최대의 사막인 사하라 사막은 일반적인 모래사장과는 달리 험준한 암석 대지나 건조한 모래밭만 펼쳐진 곳이 많다.

리비아의 대수로 공사

지중해를 따라서 이집트 옆으로 리비아, 튀니지, 알제리, 모로코가 나란히 있어요. 이곳은 역사상 가장 흉악한 해적들이 살았던 곳이지요. 지중해의 남쪽 연안에서는 예로부터 물을 끌어다 쓰는 관개 기술이 발달했어요. 유럽의 지중해 사람들도 이곳 사람들에게 관개 기술을 배웠다고 합니다.

리비아는 국토 대부분이 사막으로 이루어져 있어요. 1951년 독립할 당시만 해도 가난한 나라에 속했지만, 1959년에 발견된 석유를 수출하면서 경제 발전이 시작되었지요. 현재는 세계 4위의 석유 생산국이랍니다. 그러나 식량의 85%를 수입하는 리비아는 식량을 외국에 의존하는 한 진정한 독립을 이룰 수 없다고 생각했어요. 석유 고갈에 대비해 식량을 자급할 방법을 찾는 일이 중요했던 것이지요. 마침내 1984년 리비아는 광대한 사막을 농경지로 바꾸는 사업에 착

리비아 대수로 공사
광대한 사막과 황무지를 농경지로 바꾸기 위한 사업이다. 리비아는 남부 사하라 사막의 지하수를 북부 지중해 도시들에 공급하기 위해 수로를 건설했다.

수했어요.

리비아는 대수로를 통해 사하라 사막의 지하수를 끌어올려 수도인 트리폴리까지 물을 공급하고 있습니다. 1980년대 세계 최대의 공사이자 또 다른 세계 불가사의로 꼽히는 대수로 공사는 우리나라 기업이 자체 기술과 인력으로 완성했어요. 미국에 의해 봉쇄당하고 폭격까지 받았던 리비아는 풍부한 원유와 천연가스를 무기로 아프리카 국가 중 가장 빠르게 발전하고 있답니다.

한편, 카다피 정권의 장기 집권에 맞서 2011년 2월부터 동부의 주요 도시인 벵가지에서 리비아 시민들이 민주화 시위를 일으켰어요. 나토(NATO, 북대서양 조약 기구)군도 카다피 정권에 대한 공습에 참여했고, 2011년 8월 21일 시민군은 성공적으로 수도 트리폴리에 입성했지요. 카다피는 최종 은신처인 시르테에서 시민군에 의해 체포되었고, 그 과정에서 총상으로 사망했어요. 이렇게 해서 카다피의 42년 장기 집권이 마무리되고, 리비아 과도 정부는 2011년 10월 23일 해방을 공식 선포했습니다.

카르타고의 영광이 서린 튀니지

여러분은 '즐거운 나의 집'이라는 노래를 들어 본 적 있나요? 이 노래는 튀니지에 거주하던 한 미국인 영사가 고향을 그리워하며 만든 곡이에요. 튀니지는 지중해 연안에 있고, 과거에 해적이 살던 나라 중 하나입니다. 고향을 그리워하며 '즐거운 나의 집'의 가사를 썼던 미국인 영사의 심경을 이해할 만하지요. 하지만 튀니지는 지중해에서 가장 아름다운 도시로 알려졌어요. 이곳에서는 지중해 연안 도시에서 흔히 볼 수 있는 파란 창틀의 하얀 집들을 볼 수 있답니다.

세계사 시간에 카르타고의 한니발 장군이 활약한 포에니 전쟁에 대해 배웠을 거예요. 튀니지의 북쪽 해안에는 페니키아가 세운 고대의 무역 도시 카르타고의 유적이 있습니다. 카르타고와 로마는 지중해의 해상권을 차지하기 위해 약 100년 동안 세 차례에 걸쳐 전쟁을 치렀어요. 로마 사람들은 카르타고의 주민을 '포에니'라고 불렀습니

부르기바 거리
튀니스 최대의 번화가로 길이 약 450m, 넓이 약 50m의 거리다. 도로 중앙에는 가로수가 늘어서 있고, 양쪽에 호텔, 관청, 영화관, 카페 등이 있다.

카르타고의 유적지
로마와 페니키아의 식민지 카르
타고와의 전쟁으로 유명한 곳이
다. 1979년 유네스코 세계 문화
유산으로 지정되었다.

다. 그래서 로마와 카르타고 사이의 전쟁을 '포에니 전쟁'이라고 불러요.

튀니지는 한반도의 2/3밖에 안 되는 작은 나라지만 농경지와 목초지, 삼림 지대가 넓어 북아프리카에서 가장 좋은 자연환경을 가지고 있어요. 넓은 농경지에서는 밀, 보리, 올리브, 대추야자 등을 재배하지요. 오랫동안 프랑스의 식민 지배를 받았던 튀니지는 이슬람 국가지만 북아프리카에서 가장 서구화된 나라이기도 해요.

특히 튀니지의 수도 튀니스는 '북아프리카의 파리'로 불립니다. 튀니스에서의 하루는 카푸치노 한 잔과 "봉주르!"라는 프랑스식 인사로 시작되기 때문이지요. 튀니스의 최대 번화가인 부르기바 거리는 마치 프랑스의 '샹젤리제 거리'를 옮겨 놓은 듯해요. 노천카페가 늘어서 있고 화려한 차림의 여성들도 볼 수 있지요.

모로코의 고도 페스에서 노새를 타다

아프리카 북서쪽 끝에 있는 모로코의 최북단은 지브롤터 해협을 사이에 두고 유럽 대륙과 불과 14km밖에 떨어져 있지 않아 예부터 유럽과 아프리카를 잇는 관문 역할을 해 왔어요.

모로코 주민은 아랍계인 무어 인이 대다수를 차지합니다. 무어 인들은 콜럼버스의 신대륙 발견 이전에 스페인을 지배했고, 아름다운 알람브라 궁전을 지었어요. 또 세비야에 알카사르 궁전과 히랄다 탑도 지었지요.

모로코는 아랍 인과 베르베르 족의 전통뿐 아니라 프랑스와 스페

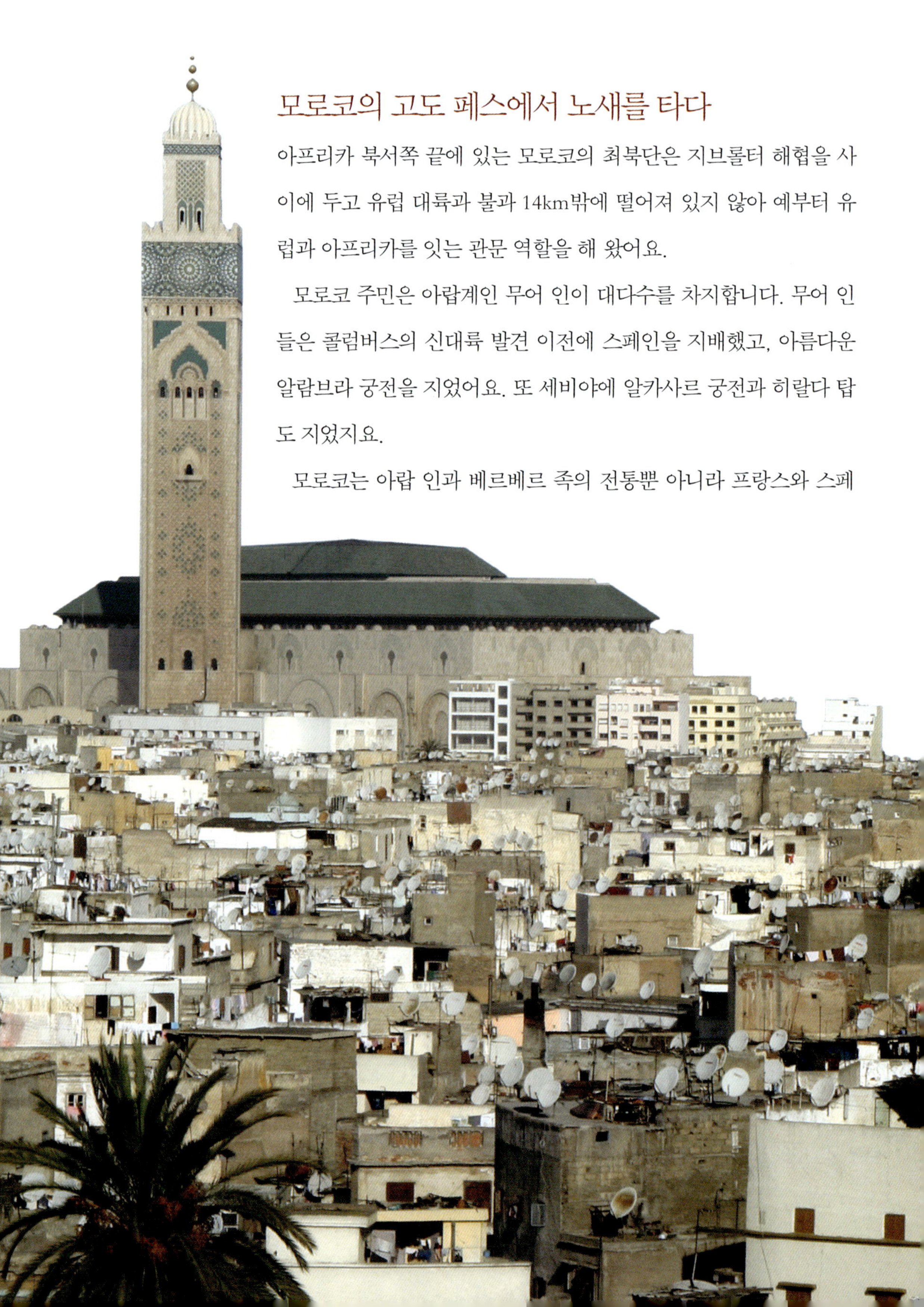

인의 영향도 받아 다양한 모습을 보입니다. 지브롤터 해협과 가까운 거리에 있지만 여러 가지 면에서 상당히 달라요.

　공업은 전통적으로 가죽을 이용한 염색 수공업이 발달했어요. 모로코의 고도 페스에 가면 형형색색의 천연염료가 담긴 큰 진흙 항아리 안에서 건장한 남자들이 발로 가죽을 밟는 모습을 볼 수 있답니다. 한쪽에서는 가죽을 부드럽게 하려고 두드리는 모습도 보일 거예요. 최첨단을 부르짖는 요즘, 페스는 아직도 재래식 가죽 염색을 고집하며 인류의 문화유산을 지키고 있지요.

　모로코의 고도 페스에 가려면 과거에는 노새를 이용해야만 했어요. 지금도 노새는 페스의 좁고 구불구불한 골목을 지날 수 있는 유일한 교통수단이랍니다.

페스의 노새

카사블랑카 구시가지
카사블랑카는 대서양을 끼고 있는 모로코 최대의 도시다. 부분적으로 남아 있는 성벽, 미로 같은 좁은 골목, 흰 벽의 옛 가옥 등이 주변 신도시와 대조적인 모습을 보인다.

페스의 가죽 염색 공장
건장한 남자들이 형형색색의 천연염료를 담은 진흙 항아리 안에 들어가 가죽을 밟고 있다.

세계에서 가장 큰 사막, 사하라 사막

지구상의 모든 대륙에는 크든 작든 사막이 존재합니다. 세계 최대의 사막은 지중해 국가들 바로 남쪽에 펼쳐져 있는 사하라 사막이에요. 사하라 사막은 아프리카 대륙 북부의 대부분을 차지하고 있으며 동쪽 끝의 이집트와 맞닿아 있지요.

사하라 사막은 모로코·알제리·튀니지·리비아·이집트 등의 북부 사하라와 모리타니·말리·니제르·차드·수단 등의 남부 사하라로 나뉩니다. 건조 지역이 차지하는 비율로 볼 때 리비아(99%)와 이집트(98%)는 명실상부한 사하라 국가라고 할 수 있지요.

사하라 사막의 투아레그 족
사하라 사막에서 유목민으로 생활하는 투아레그 족은 살인과 약탈을 일삼는 잔인한 부족으로 악명이 높았다.

사하라 사막은 일반적인 모래사장과는 차원이 달라요. 험준한 암석 대지가 펼쳐진 곳도 있고, 건조한 모래밭밖에 보이지 않는 곳도 있기 때문이지요.

그러나 간간이 나타나는 오아시스에서는 야자나무가 자라고 사람이 모여 살기도 합니다. 오아시스 중에는 면적이 수 킬로미터에 이르는 것도 있어요. 강한 바람이 불면 사막에 산이 생기기도 하고 계곡이 생기기도 합니다. 그러다 바람의 방향이 바뀌면 산이었던 곳이 계곡이 되고 계곡이었던 곳이 산이 되기도 하지요.

이렇듯 사막에서는 바람이 조화를 부려 신비한 자연을 만들어 내요. 하지만 사막에서 부는 모래 폭풍은 끔찍한 참사를 불러오기도 합니다. 모래 폭풍은 모든 것을 뒤덮고 사람을 산 채로 집어삼키기 때문이에요.

사하라 사막의 지하수는 어디서 온 것일까요?

아프리카 대륙의 북부에 있는 사하라 사막은 지구상에서 가장 넓은 사막입니다. 가장 비가 적게 내리는 대표적인 지역으로 떠올리는 사하라 사막의 지하에 어마어마한 양의 지하수가 있다는 것이 잘 믿어지지 않을지도 몰라요. 더군다나 그 지하수가 6,000～8,000년 전에 내렸던 빗물이 지하로 스며들어 만들어진 것이라는 사실은 더욱 놀라울 따름이지요. 이런 지하수는 지층이 퇴적할 때 함께 들어가서 그대로 남아 있는 물이라 해 '화석수'라고 부릅니다. 지금으로부터 6,000～8,000년 전 사하라 사막과 주변의 사바나 기후 지역은 푸른 삼림으로 뒤덮여 있었다고 해요. 그러다가 약 4,000년 정도 전부터는 기후가 다시 건조해져서 현재의 사하라 사막으로 서서히 변했다고 하지요. 지하수를 품고 있는 지층은 사하라 사막과 그 부근으로 지표면 아래 약 100～250m나 되는 깊은 지점이라고 합니다. 현재 사하라 사막과 그 주변 지역에 있어 가뭄에 시달리는 많은 나라가 이 지하수를 개발해 식수와 농작물을 키우는 데 사용하고 있어요. 그러나 문제는 현재의 건조한 환경을 고려할 때, 사용한 지하수가 어느 정도의 속도로 다시 채워지느냐 하는 것입니다. 이 화석수가 아프리카의 물 부족 문제를 해결하는 만병통치약은 아니지만, 어느 정도는 이바지할 것으로 예상하고 있어요.

4 "혹시 리빙스턴 씨 아니세요?" |
중부 아프리카

낙타를 타고 사하라 사막의 북쪽 끝에서 남쪽 끝까지 이동하는 데는 꼬박 두 달이 걸립니다. 아무리 오랜 시간이 걸리더라도 철도나 도로가 없는 사막을 건너려면 낙타를 타는 것 외에는 방법이 없지요. 모리타니, 말리, 니제르, 차드, 수단 등에 걸쳐 있는 남부 사하라의 사헬 지대는 장기간의 가뭄과 개간, 방목 등으로 식생이 파괴되어 사막화가 심각합니다. 사하라 사막 남서부 끝에는 팀북투라는 도시가 있어요. 흔히 아주 먼 거리를 표현할 때 '칼라마주에서 팀북투까지'라는 관용어를 씁니다. 칼라마주는 미국 미시간 주에 있는 도시이고, 팀북투는 아프리카 말리에 있는 도시지요.

- 에티오피아는 해발 1,800m까지는 열대 기후, 1,800~2,400m는 아열대 기후, 2,400m 이상은 온 · 난대 기후를 보인다.
- 팀북투에는 서아프리카의 전통적인 진흙 건축 방식으로 14~15세기경에 지어진 이슬람 사원이 많이 남아 있다.
- 미국 식민지협회가 해방 노예들을 이주시키면서 세운 라이베리아는 1847년 미국으로부터 독립한 아프리카 최초의 공화국이다.
- 데이비드 리빙스턴은 노예 무역 금지와 아프리카 일부 지역 지도 제작, 빅토리아 폭포 발견 등의 업적을 남겼다.

에티오피아와 주변국들

아프리카 동북부에 있는 에티오피아는 동쪽으로는 소말리아, 남쪽으로는 케냐, 서쪽으로는 수단에 둘러싸여 있는 내륙국입니다. 에티오피아는 고대 악숨 왕국이 10세기까지 존속한 3,000년의 역사를 지닌 나라예요. 4세기경에는 악숨 왕국이 기독교를 받아들여 아프리카 유일의 기독교 나라가 되었지요.

에티오피아의 수도 아디스아바바는 아비시니아 고원에 있는데, 평균 해발 고도가 2,400m나 됩니다. 고원 일대는 자연 경관이 아름다워 에티오피아를 '아프리카의 스위스'라고 부르기도 해요.

에티오피아는 해발 고도에 따라 세 가지 기후대로 나누어집니다. 고도 1,800m까지는 열대 기후, 1,800~2,400m 사이는 아열대 기후,

아디스아바바
에티오피아의 수도인 아디스아바바는 해발 2,400m의 고원 지대에 있다.

2,400m 이상은 온·난대 기후를 나타내요. 특히 고원 상부는 기후가 쾌적해서 사람들이 많이 모여 살지요.

에티오피아의 동쪽에 있는 소말리아는 지형이 뿔처럼 튀어나와 '아프리카의 뿔'이라고 불려요. 소말리아는 대통령제 공화국이지만 내전 때문에 정치 체계가 아직 갖춰지지 않은 상태입니다. 게다가 1990년대부터 등장한 해적이 아덴 만을 지나는 외국 선박을 위협해 국제 사회의 비난을 받고 있지요.

에티오피아의 서쪽에 있는 수단은 아프리카에서 가장 넓은 나라 예요. 나일 강의 상류인 남부에는 나일 강의 물줄기가 범람해 만든 광대한 습지인 '수드'가 있습니다. 수단은 1899년부터 영국과 이집트의 지배를 받다가 1956년 수단 공화국으로 독립했어요. 이후 수단의 북부와 남부는 종교와 인종 갈등으로 내전을 겪었습니다. 결국, 2011년 7월 9일 고 이태석 신부가 봉사 활동을 펼친 남수단이 독립 국가임을 선포했어요.

사막의 항구, 말리의 팀북투

팀북투는 프랑스식으로 통북투라고도 불려요. 팀북투는 사하라 사막 무역의 주요 거점 중 하나로서 '사막의 항구'로 불렸지요. 대상인들은 이 지역으로 사하라 사막의 소금을 가지고 와서 금과 노예 등으로 바꾸었어요. 그러나 사막 무역으로 번영을 누리던 팀북투는 포르투갈 사람들이 개척한 새로운 무역 항로 때문에 무역 중심지의 기능을 완전히 잃어버리게 되었습니다. 그 후 팀북투는 실제로 존재하는 도시라기보다는 전설과 신화 속에 존재하는 환상의 도시로 여겨

졌어요. 팀북투라는 말 자체가 '아주 머나먼 곳'이라는 뜻으로 쓰이기도 했지요.

팀북투에는 14~15세기경에 지어진 유명한 이슬람 사원들이 오늘날까지도 남아 있습니다. 이 사원들은 서아프리카의 전통적인 진흙 건축 방식으로 만들어졌어요. 팀북투는 역사·문화적 가치를 인정받아 유네스코 세계 문화유산으로 지정되었답니다.

니제르는 사하라 사막 남쪽에 있는 내륙국입니다. 니제르 강이라고 하는 긴 강은 니제르 땅의 일부분을 거쳐 가요. 이 강은 부근의 토양을 비옥하게 만들며 기니 만으로 흘러 들어가지요. 니제르의 기후는 대부분 사막 기후이고, 남부는 여름철에 비가 내리는 사바나 기후예요. 그러나 최근에는 남부에도 사막화가 진행되고 있지요.

니제르 남쪽에 있는 나이지리아는 세계 7위의 산유국으로, 아프리카에서는 남아프리카 공화국에 이어 두 번째로 경제 규모가 큰 나라예요. 15세기에는 포르투갈 사람들이 노예 무역을 벌여 이 지역 해안 일대를 '노예 해안'이라고 불렀지요.

아프리카 최초의 공화국, 라이베리아

기니 만을 따라서는 작은 나라들이 분포해 있어요. 이 중 라이베리아라는 나라가 있습니다. 이 나라는 국민이 백인이 아니라는 점만 빼면 '작은 미국'이라고 불릴 정도로 미국과 비슷한 점이 많아요. 그 이유는 역사와 무관하지 않지요.

신대륙으로 건너가 미국이라는 새로운 나라를 건설한 사람들은 농사와 여러 가지 일들을 대신해 줄 노예가 필요했습니다. 그래서 그들은 아프리카 해안에서 흑인들을 데리고 와 노예로 삼았어요.

오늘날 미국에 거주하는 인종 중에는 당시 아프리카에서 강제로 끌려온 노예의 후손이 많습니다. 이런 흑인 노예들을 고향으로 돌려보내야 한다고 생각한 미국인이 꽤 있었어요. 미국 제5대 대통령으

몬로비아의 거리
라이베리아의 수도 몬로비아는 1822년 미국 해방 노예의 새 정착지가 된 곳이다.

로 취임한 제임스 먼로는 흑인 노예를 해방하고 이들을 고향으로 돌려보냈지요.

고향으로 돌아간 흑인들은 작은 나라를 세우고 '자유의 땅'이라는 의미로 국명을 라이베리아라고 정했어요. 또 노예 해방을 선언한 제임스 먼로의 이름을 따서 수도의 명칭을 몬로비아로 정했지요.

라이베리아에는 미국 도시의 이름을 따서 지은 도시명이 있습니다. 대표적인 것이 뉴욕과 필라델피아예요. 물론 미국의 뉴욕과 필라델피아만큼 인구가 많지는 않습니다. 그들은 자신들을 노예로 부렸던 나라를 잊으려 하지 않고 오히려 따르고 있어요.

라이베리아에서 조금만 더 남쪽으로 내려가면 적도에 도달하게 됩니다. 적도는 북극과 남극의 중간 지점으로 아프리카에서 두 번째로 긴 강인 콩고 강이 바로 이 적도를 지나지요.

적도 부근은 연중 덥고 습한 열대 우림 기후 지역이라 밀림이 우거져 있어요. 사이를 뚫고 지날 수 없을 정도로 덩굴과 나무가 빽빽하게 자라 있지요.

리빙스턴 씨 아니세요?

스코틀랜드의 한 가난한 가정에서 데이비드 리빙스턴이라는 소년이
태어났어요. 그는 다른 아이들과 다를 게 없는 평범한 아이로 자라
났지요. 그러다 열 살이 되던 해 학교를 떠나 방직 공장에 취직했고,
이곳에서 새벽 6시부터 저녁 8시까지 내내 일했어요. 고작 열 살밖
에 안 된 어린 소년이 하루 14시간의 노동을 참아낸 것이지요.

　리빙스턴은 매일 그렇게 오랜 시간 일하고 밤늦게 집에 돌아가서
도 쉬는 법이 없었어요. 저녁 식사를 마친 뒤부터 잠자리에 들기 전
까지 그는 책과 씨름을 했지요. 리빙스턴은 세상을 더욱 살기 좋게
만드는 게 꿈이었어요. 특히 아프고 힘없는 사람들을 돕고 싶었던
그는 의사가 되기 위해 열심히 공부했습니다. 의사가 되어서 중국에
갈 생각이었어요. 중국에 가면 자기 도움이 필요한 사람이 많을 거
라고 생각했고, 중국에 기독교를 전파하고자 하는 마음도 있었지
요. 그래서 리빙스턴은 의학뿐 아니라 신학 공부에도 틈틈이 매
진했습니다. 그러나 결국 그가 간 곳은 중국이 아닌 아프리카
였어요.

　주위 사람들은 모두 아프리카로 떠나려는 리빙스턴을 말렸
습니다. 체체파리에 물려서, 또는 물을 마시고 열병에 걸려서,
아니면 야생 동물에게 잡아먹혀서 죽을 거라고 했지요. 그러나
리빙스턴은 어차피 죽어야 한다면 어떻게 죽든 상관없고, 죽
는 순간까지 좋은 일을 하고 싶다고 말하고는 아프리카로 떠
났어요. 그 후로 30년 동안 몇 차례 고향과 아프리카를 오
가던 그의 소식이 어느 순간에 완전히 끊겨 버렸지요.

리빙스턴 동상
데이비드 리빙스턴은 아프리카
지역 일부를 지도로 만들고, 세계
최대 폭포인 빅토리아 폭포를 발
견했다.

사람들은 점점 실종된 리빙스턴을 찾기를 포기하고 그가 죽었다고 결론지었습니다. 그러나 이 와중에도 리빙스턴이 반드시 살아 있을 거라고 믿는 사람들이 있었어요.

그들은 신문 기자였던 스탠리를 필두로 수색대를 꾸려 아프리카로 떠났습니다. 아프리카 서부 해안에 도착한 스탠리는 손짓 발짓을 모두 동원해 그곳에 사는 흑인들에게 혹시 백인 남자를 본 적이 있느냐고 물었어요. 그러나 그런 사람을 본 적이 없다는 대답만 돌아왔지요. 그러던 중 스탠리 일행은 한 백인이 동쪽으로 갔다는 이야기를 듣고는 바로 동쪽으로 향했어요. 그들은 한참을 간 끝에 중앙 아프리카의 탕가니카 호라는 호수에 이르게 되었지요. 그곳에서 머리가 희끗희끗한 백인 노인을 만난 스탠리는 "혹시 리빙스턴 씨 아니세요?"라고 물었어요. 그 노인은 예상대로 리빙스턴이었지요. 스

데이비드 리빙스턴(1813~1873년, 왼쪽 위), 헨리 모턴 스탠리(1841~1904년), '리빙스턴 씨 아니세요' 그림

스탠리는 탄자니아에 있는 탕가니카 호에서 백발의 노인을 만났다. 그는 이 노인에게 "혹시 리빙스턴 씨 아니세요?"라고 물었다. 예상대로 노인은 아프리카 탐험가 중 가장 훌륭한 업적을 남긴 리빙스턴이었다.

탠리는 그에게 스코틀랜드로 돌아가자고 말했어요.

그러나 리빙스턴은 이곳에서 흑인들에게 하나님의 가르침을 전하고, 그들의 병든 몸을 돌봐야 한다고 말했습니다. 그러고는 자신이 죽으면 고향 땅에 묻어 달라고 부탁했어요. 스탠리는 리빙스턴의 고집을 꺾지 못하고 돌아가야 했지요.

그로부터 2년 뒤, 리빙스턴은 흑인들 틈에서 숨을 거두었어요. 시중을 들던 흑인 소년이 방에 들어갔을 때, 리빙스턴은 기도문 앞에 무릎을 꿇은 채로 죽어 있었지요.

흑인들은 리빙스턴이 고향 땅에 묻히길 간절히 바랐다는 사실을 알고 있었어요. 그들은 리빙스턴의 시신을 방부 처리한 뒤 어깨에 둘러메고 두 달 동안 무려 1,000km가 넘는 거리를 걸어 해안가로 운반했습니다. 그리고 지나가는 배에 신호를 보내 리빙스턴의 시신을 영국으로 보내 달라고 부탁했지요. 결국 리빙스턴은 세계의 위인들이 잠들어 있는 영국의 웨스트민스터 사원에 안장되었답니다.

흑인들은 리빙스턴의 말이라면 무엇이든 따랐습니다. 마법과도 같은 리빙스턴의 말에 따라 그와 함께 지내던 흑인들은 기독교도가 되었어요. 리빙스턴은 흑인들의 식인 문화를 없애는 데에도 일조했지요.

흑인을 붙잡아 동물처럼 사슬로 묶어서 다른 나라에 노예로 팔아넘기던 사람이 있었어요. 그는 티푸 티브라는 아랍 인이었지요. 리빙스턴과 그를 따르던 흑인들은 티푸 티브에 저항해 끊임없이 싸웠고, 결국 티푸 티브는 노예 무역을 중단했어요. 노예 무역 금지에 이바지한 것은 리빙스턴의 위대한 업적 중 하나입니다.

세계 최대의 폭포, 빅토리아

잠베지 강에 있는 빅토리아 폭포는 브라질의 이과수 폭포, 미국의 나이아가
라 폭포와 함께 세계 3대 폭포 중 하나다. 스코틀랜드의 탐험가 데이비드 리
빙스턴이 발견해 영국 빅토리아 여왕의 이름을 따서 빅토리아 폭포라고 불
렀다.

빅토리아 폭포 너비 1.7km, 높이 108m에 달하는 거대한 폭포다.

빅토리아 호수의 '악마의 풀' 빅토리아 폭포 끝자락에는 자연적으로 풀(pool)이 형성되어 있어 물놀이하는 것이 가능하다.

탄자니아 잔지바르의 노예 상
19세기에 흑인들은 다른 나라에
노예로 팔려 갔다. 노예 무역 금지
에 이바지한 것은 데이비드 리빙
스턴이 이룩한 업적 중 하나다.

아프리카 일부 지역의 지도를 만든 것 역시 리빙스턴의 업적이에
요. 세계 최대의 폭포인 빅토리아 폭포를 발견한 것도 그였지요. 어
느 날 리빙스턴이 물소리를 듣고 원주민들에게 무슨 소리냐고 묻자,
원주민들은 '이슬이 내리는 소리'라고 답했어요. 리빙스턴이 이 폭
포에 빅토리아라는 이름을 붙인 것은 당시 영국 여왕이었던 빅토리
아 여왕 때문이었습니다. 빅토리아 폭포는 잠베지 강에 있고, 나이
아가라 폭포보다 높이와 너비가 두 배나 더 큰 거대한 폭포예요. 무
려 3,000km나 떨어진 곳에서도 폭포수 소리를 들을 수 있을 정도지
요. 빅토리아 폭포에서 북쪽으로 한참 가면 똑같은 이름을 가진 호
수가 있어요. 담수호인 빅토리아 호는 나일 강이 시작되는 지점에
있는 호수랍니다. 케냐, 우간다, 탄자니아에 걸쳐 있는 빅토리아 호
는 아프리카에서 제일 큰 호수예요.

빅토리아 호 근처는 지구의 갈라진 곳이어서 탕가니카 호, 말라
위 호 등 많은 호수가 모여 있습니다. 이 중 탕가니카 호는 깊이가
1,430m에 달해 러시아의 바이칼 호에 이어 세계 제2위의 깊이를 자
랑하지요.

에티오피아가 원산지인 커피는
어떻게 세계로 전파되었을까요?

커피는 세계 무역에서 석유 다음으로 물동량이 많을 정도로 세계인들이 애호하는 기호 식품입니다. 커피는 6세기 무렵 에티오피아의 양치기 목동이 커피 열매를 먹고 밤새도록 자지 않고 노는 양들을 보고 이슬람 수도승에게 전해 준 것이 전파의 시작이었어요. 밤새도록 기도해야 하는 수도승들에게 커피는 잠을 쫓아 주는 그야말로 신비의 열매였지요. 에티오피아가 아라비아 반도의 예멘 지역을 침략하면서 아라비아 지역으로 전파되었고, 술을 금기시하는 무슬림이 애용하는 음료가 되었답니다. 당시 예멘의 항구 도시 모카는 최대의 커피 교역지였어요. 오늘날의 '모카커피'는 이때 생겨난 말이지요. 오늘날의 터키에 해당하는 오스만 튀르크에 의해 유럽으로 전해진 커피는 유럽 여러 나라가 지배하던 식민지 지역에서 재배하게 되었어요. 커피는 북위 25°에서 남위 25° 사이, 연평균 강우량이 1,500mm 이상인 열대 및 아열대 지역의 고원에서 잘 자랍니다. 그래서 이 지역을 '커피 벨트'라고 부르기도 하지요.

5 동물들의 천국과 금의 나라 |
케냐, 탄자니아, 남아프리카 공화국

여러분은 동물원이나 서커스 구경을 가 본 적이 있나요? 동물들이 우리에 갇혀 있지 않고 자유롭게 뛰노는 자연 동물원이 있다면 어떨까요? 적도 부근의 아프리카가 바로 그런 곳이에요. 사나운 동물들과 그렇지 않은 동물들이 함께 어우러져 사는 곳이지요. 무지개의 끝에 금이 가득 담긴 단지가 있다는 말이 있었어요. 많은 사람이 모든 것을 팽개치고 금을 찾아서 세상의 끝으로 떠났지요. 세계 최대의 금광은 남아프리카의 요하네스버그라는 도시에 있었습니다. 이곳의 금광은 한때 세계 금 생산량의 절반을 차지했을 정도로 규모가 크지요.

- 적도 지대는 여름에는 적도 저압대의 영향으로 우기가, 겨울에는 아열대 고압대의 영향으로 건기가 찾아와 숲 대신 초원이 발달한 사바나 기후를 보인다.
- 요하네스버그는 1886년 금광 발견 이후 금 채광 산업이 발달하면서 교통 및 상공업의 중심지가 되었다.
- 케이프 반도 북단의 테이블 마운틴은 해저에 있던 지층의 융기 및 지층에 발달한 수직 균열을 따라 오랫동안 침식이 진행되며 생긴 거대한 바윗덩어리를 말한다.

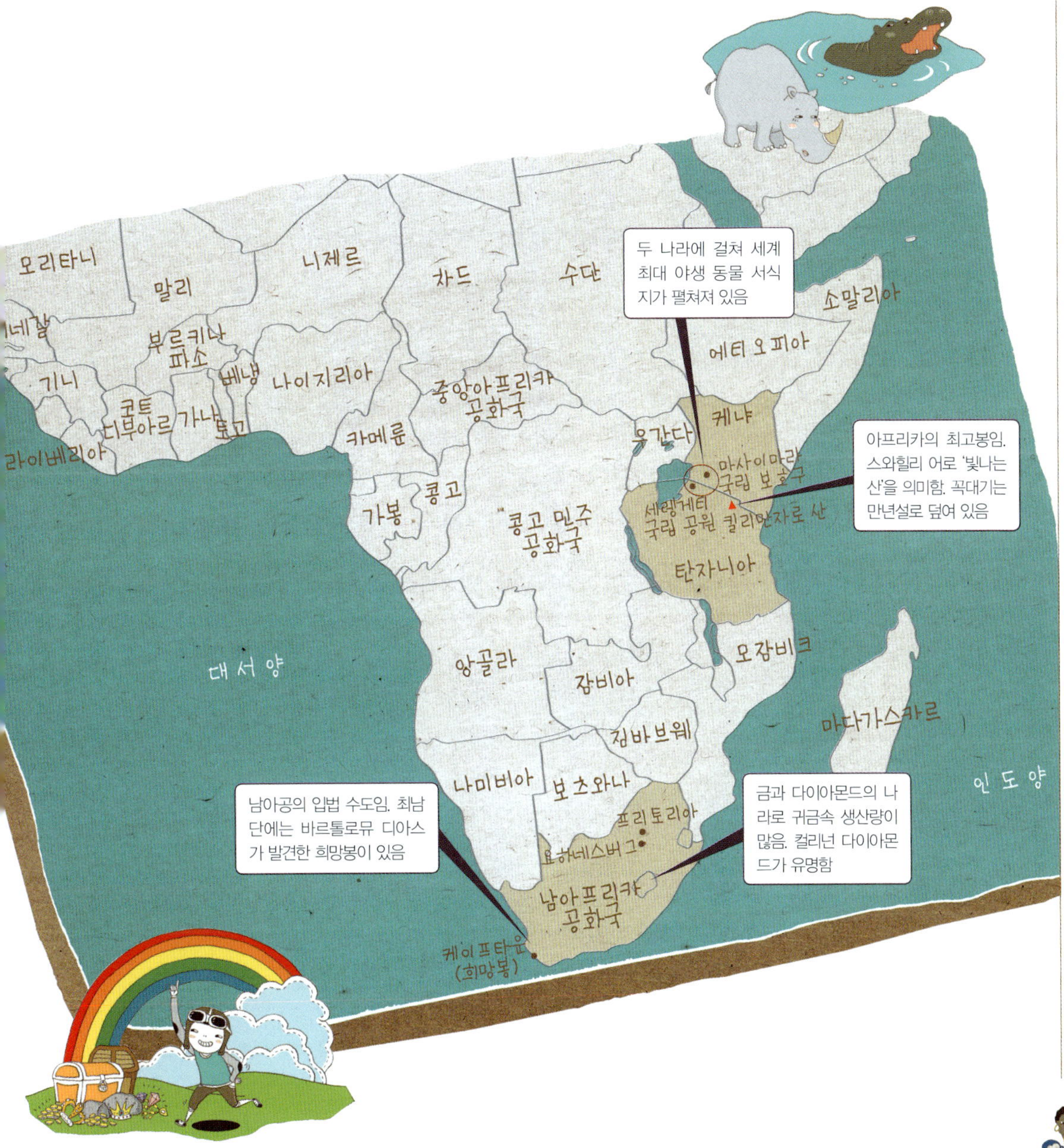

사바나 기후가 만든 자연공원

케냐와 탄자니아는 '동물들의 천국'인 나라예요. 대표적인 곳을 꼽으면 케냐의 마사이마라 국립 보호구와 탄자니아의 세렝게티 국립 공원을 들 수 있지요. 두 곳은 국경선으로 갈라져 있지만 하나의 초원이에요. 세계 최대 야생 동물 서식지인 세렝게티는 마사이 족의 말로 '끝없는 평원'을 의미한답니다.

적도의 북쪽과 남쪽 지대는 여름에는 우기가, 겨울에는 건기가 찾아와서 숲 대신 초원이 발달했어요. 태양이 높게 뜨는 여름에는 적도 부근의 기압골인 적도 저압대 때문에 우기가, 태양이 낮게 뜨는 겨울에는 남·북위 위도 30° 부근에 있는 아열대 고압대의 영향으로 건기가 나타납니다. 건기에는 낙엽이 지고 풀이 메말라 초식 동물들이 신선한 풀을 찾아 우기 지역으로 대이동을 시작해요. 이처럼 초원이 발달한 열대 기후를 사바나(열대 초원) 기후라고 합니다.

케냐와 탄자니아의 국립 공원은 우리나라의 강원도와 충청도만큼이나 큰 규모를 자랑해요. 아무리 아프리카 대초원에 동물들이 많이 산다고 해도 이렇게 넓은 곳에 흩어져 있다 보니 시기와 장소를 잘 선택하지 않으면 동물들을 구경하기 어렵답니다. 케냐에서 사파리 관광을 할 수 있는 국립 공원은 모두 16곳 정도예요. 이 중 마사이마라 국립 보호구는 '야생 동물의 최고 낙원'이라고 불리지요. 대개 사파리는 케냐의 수도 나이로비나 탄자니아의 아루샤에서 시작하는데, 이곳은 그리 덥지 않습니다. 특히 나이로비는 1,700m의 고원 지대여서 일 년 내내 서늘하지요.

수많은 초식 동물은 9월과 10월에는 풀이 많은 케냐의 마사이마라

동물 보호 구역을 향해 이동하고, 1월과 2월에는 반대로 탄자니아의 세렝게티 국립 공원으로 이동해요. 끝없이 이어지는 야생 동물들의 '대이동'은 그야말로 장관이랍니다.

탄자니아 북부에는 스와힐리 어로 '모기가 사는 강'을 의미하는 '음토와음보'라는 마을이 있어요. 이 마을의 서쪽에는 세렝게티 평원이 펼쳐져 있고, 동쪽에는 킬리만자로 산이 우뚝 서 있지요.

킬리만자로 산은 아프리카의 최고봉이에요. 스와힐리 어로 '빛나는 산'이라는 뜻이 있는 킬리만자로의 꼭대기에는 늘 만년설이 덮여 있습니다. 헤밍웨이는 이 산을 배경으로 「킬리만자로의 눈」이라는 소설을 쓰기도 했어요.

하지만 킬리만자로의 만년설도 지구 온난화 때문에 해마다 녹아 내리고 있습니다. 과학자들은 10년에서 20년 이내에 이 만년설이 모두 녹아 버릴 것이라고 예측하고 있어요.

음토와음보 마을 부족들은 야생 동물을 보는 사파리 관광에서 한 걸음 더 나아가 부족의 다양한 문화를 체험해 보는 관광 프로그램을

세렝게티 국립 공원

광활한 초지 세렝게티는 마사이 족의 말로 '끝없는 평원'을 의미한다. 지상 최대 동물의 왕국으로 알려진 세렝게티 국립 공원은 무한 경쟁이나 적자 생존, 약육강식이 아니라 공정한 법칙이 지켜지는 야생 세계다. 1981년에 유네스코 세계 자연유산으로 지정되었다.

세렝게티 국립 공원 표지판 세렝게티 국립 공원 입구에는 'Welcome to Serengeti'라는 문구가 적힌 표지판이 있다.

마사이 기린 세렝게티 국립 공원에는 약 8,000마리의 마사이 기린이 서식한다.

세렝게티 국립 공원 세렝게티 초원에 우기가 끝나고 건기가 찾아오면 초식 동물들이 대이동을 한다.

마사이마라의 야생 동물

마사이마라 국립 보호구는 케냐의 국립 공원 가운데 '야생 동물의 최고 낙원'이라 불리는 곳이다. 누, 얼룩말, 흰코뿔소, 나일악어, 임팔라, 코끼리 등이 서식하고 있다.

치타

흰코뿔소

코끼리

임팔라

사자

누

킬리만자로 산

'빛나는 산'을 뜻하는 킬리만자로 산은 아프리카에서 가장 높은 산이자 세계 최대 · 최고의 휴화산이다. 산꼭대기가 만년설로 덮여 있는 이 산은 헤밍웨이의 소설 「킬리만자로의 눈」의 배경이 된 곳이기도 하다.

킬리만자로 산의 얼음 들판(위)
만년설로 뒤덮여 얼음 들판을 이룬 킬리만자로의 모습은 차갑지만 뜨거운 무언가를 느끼게 한다.

만년설이 녹은 킬리만자로 산(아래)
킬리만자로의 만년설은 지구 온난화 때문에 해마다 녹아내리고 있다.

킬리만자로 산(293쪽 위)
킬리만자로 산은 적도 부근에 있으면서도 일 년 내내 만년설로 덮여 있다.

킬리만자로가 보이는 작은 마을, 모시 탄자니아 북부에 있는 모시는 킬리만자로 등반의 시작점이 되는 곳이다. 마을 너머로 만년설로 뒤덮인

마련해 상당한 수익을 올렸어요. 수익금으로는 학교나 병원 등 공공 시설물을 지었지요. 이처럼 지역 주민이 직접 관광을 기획하고 그 혜택을 누리는 '지속 가능한 관광'의 사례는 아직 많지는 않지만, 관광객의 증가로 그 가능성은 충분해요.

케냐는 영국의 식민지였기 때문에 공식 언어가 영어지만, 실제로는 스와힐리 족을 중심으로 스와힐리 어가 널리 사용되고 있어요. 스와힐리 어는 부족 간의 소통을 위한 언어로 발달했기 때문에 우리가 배우기에도 그다지 어렵지 않답니다.

금과 다이아몬드의 나라, 남아프리카 공화국

금은 금속의 왕이라고 불립니다. 가격으로 치면 백금이 훨씬 비싸지만, 금은 돈 대신 쓰이기도 하고 장신구로도 주목받는다는 점에서 대중적으로 더 인기가 있지요.

2011년 기준으로 남아프리카 공화국의 금 매장량은 세계 2위예요. 1886년 남아프리카 공화국 동쪽에 있는 요하네스버그 부근에서 금광이 발견되면서부터 금 채광 산업이 발달하기 시작했지요. 요하네스버그는 금광업 발전과 함께 급속도로 성장해 교통과 상공업의 중심지가 되었어요.

한때 세상의 다이아몬드는 모두 남아프리카의 킴벌리에서 왔다고 할 정도로 이곳에서는 많은 양의 다이아몬드가 채굴되었어요. 하지만 지금은 양질의 다이아몬드가 거의 바닥이 나서 킴벌리 사람들은 공업용 다이아몬드 가공업에 주로 종사하고 있지요.

채굴된 다이아몬드는 대개 네덜란드의 암스테르담에서 가공되고

다듬어졌어요. 다른 나라가 아닌 네덜란드였던 이유는 남아프리카에서 다이아몬드 광산을 처음 발견한 사람이 네덜란드 인이었기 때문이지요. 그러나 현재는 킴벌리에서 채굴과 가공, 수출 과정이 모두 이루어져요.

다이아몬드는 석탄과 성분이 같아서 석탄을 '까만 다이아몬드'라고 부르는 사람도 있어요. 다이아몬드를 불빛에 비춰 보면 순백색으로 빛나는 것도 있고 파란색 혹은 노란색 빛을 내는 것도 있는데, 순백색으로 빛나는 다이아몬드를 최고로 친답니다.

1905년에 발견된 세계 최대의 컬리넌 다이아몬드는 크기가 사람

킴벌리 빅 홀

킴벌리는 백인 광산업자들이 세계 각지에서 모여들어 세계 최대의 다이아몬드 광업 도시로 발전한 곳이다. 이곳에는 수많은 사람이 괭이를 들고 몰려와 큰 구덩이만 남긴 '빅 홀'이 있다. 빅 홀은 인간이 손으로 파서 만든 세계 최대의 구멍이다.

컬리넌 다이아몬드
1905년 남아프리카 공화국의 프레미아 광산에서 발견된 다이아몬드다. 지금까지 발견된 다이아몬드 가운데 가장 크다. 3,106캐럿의 컬리넌은 여러 개의 대형 다이아몬드 원석으로 나누어졌다.

주먹만 해요. 보석 하나를 만들기에는 너무 크고 값져서 컬리넌 다이아몬드를 여러 조각으로 나누어서 다시 세공했습니다. 컬리넌 다이아몬드 다음으로 컸던 그레이트 무굴은 분실되었어요. 그 후 그레이트 무굴을 본 사람이 아무도 없는 것으로 보아 도둑이 그레이트 무굴을 여러 조각으로 쪼개서 팔았을 것이라고 짐작하고 있지요.

남아프리카에서는 왜 다이아몬드가 많이 채굴되는 것일까요? 다이아몬드의 결정체가 형성되기 위해서는 고온과 고압이 필요합니다. 따라서 다이아몬드는 매우 깊은 지층에서 만들어지지요. 약 2억 년 전에 아프리카는 남아메리카나 오스트레일리아와 연결되어 있었어요. 이 거대한 대륙이 오랜 시간에 걸쳐 나누어져 지금과 같은 모습이 된 것이지요. 다이아몬드가 인간의 눈에 띄기까지는 이렇게 험난한 과정을 거쳤기 때문에 오늘날 귀한 보석이 된 거예요.

희망을 안고 있는 케이프타운

남아프리카 공화국의 행정 수도인 프리토리아와 입법 수도인 항만 도시 케이프타운은 영국의 도시를 그대로 옮겨 놓은 듯합니다. 특히 휴양지로 유명한 케이프타운은 자연환경이 뛰어난 곳이에요. 해안가에는 반짝이는 모래사장이 펼쳐져 있고, 마을 곳곳에는 유럽풍의 별장들이 줄지어 있답니다. 그래서 케이프타운을 '검은 대륙의 낙원'이라고도 부르지요.

케이프타운 가까이에 있는 케이프 반도의 맨 끝에는 희망봉이 있어요. 아프리카 대륙 최남단인 희망봉은 1488년 포르투갈 항해자

였던 바르톨로뮤 디아스가 발견했지요. 룩 아웃 포인트라는 등대
가 있는 전망대에 가면 반도의 최남단인 케이프 포인트가 내려다
보입니다. 백인 약탈자에게는 그곳이 희망봉이었겠지만 인종 차별
에 시달리며 노예 같은 생활을 해 온 원주민에게는 절망봉이 아니
었을까요?

케이프타운 희망봉에서 북쪽으로 약 50km 떨어진 케이프 반도 북
단에는 테이블처럼 생긴 산이 있어요. 세계에서 가장 오래된 지층
가운데 하나인 테이블 마운틴은 약 17억 년 전 바다에서 형성된 석
영 사암이 주를 이룹니다. 해저에 있던 지층은 융기해 지표에 드러
났고 지층에 발달한 수직 균열을 따라 오랫동안 침식이 진행되면서
직벽의 거대한 바윗덩어리인 테이블 마운틴이 형성되었어요.

케이프타운 해변
휴양지로 유명한 케이프타운은
아름다운 자연 경관 때문에 관광
객의 발길이 끊이지 않는다.

희망봉
아프리카 대륙 최남단인 희망봉은 1488년 포르투갈 항해자인 바르톨로뮤 디아스가 발견했다. 룩 아웃 포인트라는
등대가 있는 전망대에서는 케이프 반도의 최남단인 케이프 포인트가 내려다보인다.

세계 7대 자연 경관

'세계 7대 자연 경관' 선정은 스위스 뉴 세븐 원더스 재단이 주관했다. 2007년 440곳의 후보에서 시작해 2011년 11월 11일 최종 후보 28곳 중 이구아수 폭포를 포함해 총 7곳이 세계 7대 자연 경관으로 결정되었다.

이구아수 폭포
일명 '악마의 폭포'라 불린다. 협곡으로 떨어지는 물은 조용한 밤에는 20km 밖까지 들릴 정도
로 소리가 크다고 한다. 아르헨티나와 브라질 양국이 함께 국립 공원으로 지정해 보호하고 있
다. 너비 4.5km, 평균 낙차 70m로 너비와 낙차 모두 나이아가라 폭포보다 크다. 이구아수 폭포
를 본 미국의 루스벨트 대통령의 부인은 "불쌍하다. 나의 나이아가라야."라고 말했다고 한다.

하롱베이 석회암 카르스트 지형이 만들어 낸 베트남의 하롱베이에서는 3,000개가 넘는 기암괴석이 장관을 연출한다. 사진은 뽀뽀 바위다.

푸에르토 프린세사 지하 강 나무가 늘어선 석호에서부터 시작하는 필리핀의 프린세사 지하 강은 세계에서 배가 다닐 수 있는 제일 긴 강이다.

코모도 국립 공원 인도네시아의 코모도 섬과 그 주변 해역이 포함된 국립 공원이다. 코모도왕도마뱀이 서식하는 곳이기 때문에 직원 동행 없이는 출입할 수 없다.

아마존 인류 최후의 자연 보고 서식지, 마지막 원시의 땅, 지구의 허파라 불린다.

제주도 한라산, 성산 일출봉, 거문 오름 용암 동굴계가 학술과 문화, 생태 등의 가치와 중요성을 인정받았다.

테이블 마운틴 정상에 평지가 넓게 펼쳐져 있어 옆에서 보면 마치 식탁처럼 보인다 해서 테이블 마운틴이라는 이름이 붙었다. 케이프타운의 상징이자 케이프타운을 한눈에 담을 수 있는 최고의 전망대다.

아파르트헤이트 표지판
남아프리카 공화국 더반 해안의
표지판에 '백인만을 위한 해변'이
라는 내용이 적혀 있다.

정상부에는 동식물의 고유종과 특이한 고대 생물 종이 많아요. 그래서 테이블 마운틴은 '노아의 방주'로 불리기도 합니다. 스위스의 뉴 세븐 원더스 재단은 테이블 마운틴을 제주도와 함께 세계 7대 자연 경관으로 선정했어요. 선정된 나머지 다섯 지역은 브라질 아마존, 베트남 하롱베이, 아르헨티나 이구아수 폭포, 필리핀 푸에르토 프린세사 지하 강, 인도네시아 코모도 국립 공원이랍니다.

하지만 풍부한 지하자원과 아름다운 자연환경을 가진 남아프리카 공화국에 살던 흑인들은 유럽 사람들에 의해 오랜 시간 동안 고통을 받았습니다.

남아프리카 공화국은 1948년 인종 차별 정책인 아파르트헤이트를 공식화했어요. 흑인들의 저항이 거세지자 흑인 인권 운동가인 넬슨 만델라가 투옥되기도 했지요. 이 때문에 남아프리카 공화국이 국제 사회로부터 고립되자 넬슨 만델라를 석방시켰어요. 1994년 대통령이 된 넬슨 만델라는 300년간 계속되었던 아파르트헤이트를 폐지했답니다.

아파르트헤이트는 어떤 정책일까요?

'격리' 또는 '분리'를 의미하는 아파르트헤이트는 남아프리카 공화국에서 1948년부터 1994년까지 지속된 악명 높은 인종 분리 정책입니다. 남아프리카 공화국은 17세기 중반에 네덜란드 인이 이주했고, 그 후 소수 백인에 의한 다수 흑인 지배가 지속되었어요. 남아프리카 공화국 정부는 인구의 약 75%를 차지하는 흑인들을 국토의 약 13%에 불과한 집단 거주지에서만 살도록 했습니다. 또 식당, 카페, 극장, 화장실, 공원 벤치까지 흑인이 이용할 수 있는 것과 백인이 이용할 수 있는 것을 분리했지요. 이 시기에 쏟아진 아파르트헤이트 관련 법규가 1,700개가 넘는다고 하니 일일이 열거하기도 어려울 정도예요. 아파르트헤이트에 저항한 많은 사람이 감옥에 갇히고, 고문당하고, 심지어 살해되기도 했습니다. 이 정책에 반대한 유명한 사람이 넬슨 만델라예요. 만델라는 1962년부터 28년간 감옥에서 살았습니다. 아파르트헤이트는 1990~1991년 클레르크 대통령이 인종 차별적인 법률들을 대부분 폐지하고, 아프리카 민족회의의 의장이었던 넬슨 만델라가 1994년 대통령에 당선돼 최초의 흑인 정권이 탄생함에 따라 사라졌어요. 그러나 일상생활에서는 아파르트헤이트의 악습이 여전히 남아 있다고 합니다.

넬슨 만델라 전 남아프리카 공화국 대통령

9 자연이 살아 숨 쉬는 곳, 오세아니아

'대양(大洋)'이라는 뜻을 가진 오세아니아는 오스트레일리아와 뉴질랜드를 비롯한 태평양 지역의 섬을 뜻합니다. 1만여 개에 이르는 이 섬들은 유럽 사람들에 의해 발견되었고, 스페인, 영국, 프랑스 등이 점령했어요. 그러다가 제2차 세계 대전 이후 적도 북쪽의 섬들은 미국의 신탁 통치령이 되었지요.

오스트레일리아와 뉴질랜드는 자원이 풍부하고 자연환경이 뛰어나기로 유명해요. 두 나라는 농업과 목축업이 발달해 천연자원과 농산품 등을 주로 수출하고 있지요. 최근에 크게 발달한 관광 산업은 광물 산업의 경제 비중과 거의 비슷하게 부상하고 있어요. 보존이 잘된 관광 자원과 온화한 기후, 서비스 등이 많은 관광객을 끌어들이고 있지요.

오세아니아는 아시아 대륙과 아메리카 대륙으로부터 고립되어 있어 독특한 동물이 분포합니다. 캥거루와 오리너구리 등이 그 예지요.

태평양 권역은 면적으로만 본다면 매우 넓지만, 육지 면적만 따지면 좁은 편이에요. 게다가 사람이 살지 않는 섬이 많아 여러 섬의 인구를 합쳐도 약 470만 명 정도지요. 하지만 낮은 인구 밀도는 이 지역의 청정한 자연 상태를 유지하는 데 큰 몫을 했답니다.

인도네시아
뉴기니 섬
인도양
태평양
케언스
오스트레일리아
브리즈번
퍼스
오클랜드
시드니
뉴질랜드
캔버라
멜버른
웰링턴
크라이스트처치

1 양들의 천국 | 오스트레일리아

너무 커서 대륙으로 분류되는 커다란 섬이 하나 있었습니다. 원주민만 살던 이 땅에 영국인이 터를 잡아 도시를 건설하고 통치하게 되었지요. 이 섬이 바로 오스트레일리아예요. '남쪽의 땅'이라는 뜻을 지닌 오스트레일리아는 이름 그대로 남반구에 있습니다. 따라서 북반구 나라가 겨울일 때 오스트레일리아는 여름이고, 북반구 나라가 여름일 때 오스트레일리아는 겨울이에요. 우리나라 사람들이 햇볕이 잘 드는 남향집을 선호하듯 오스트레일리아 사람들은 북향집을 선호한답니다.

- 오스트레일리아의 지형은 크게 동부 산지, 중앙 평원, 서부 고원으로 나뉜다.
- 오스트레일리아는 중앙부의 건조한 사막 지대에서 금이 발견되면서 금을 캐러 오는 사람들 때문에 인구가 빠르게 늘어났다.
- 오스트레일리아는 국토 대부분이 평탄한 반건조 지대이고, 땅 밑에는 지하수가 풍부하게 비축되어 있어 양을 기르는 데 최적이다.
- 캔버라는 1901년 시드니와 멜버른 사이에 일어난 수도 쟁탈전의 타협안으로 결정되어 새롭게 건설된 계획도시다.

동부 산지, 중앙 평원, 서부 고원

국토 면적이 약 760만km²인 오스트레일리아는 세계에서 여섯 번째로 큰 국가입니다. 알래스카를 뺀 미국 면적과 비슷하지요. 하지만 인구는 남한의 절반에도 못 미친답니다. 그 대신 오스트레일리아에는 사람보다 7배나 많은 양이 살아요. 이 나라의 자연환경은 사람이 살기에는 적합하지 않지만, 양이 살기에는 어느 지역보다 최적의 환경이기 때문이지요.

오스트레일리아의 지형은 크게 동부 산지, 중앙 평원, 서부 고원으로 나눌 수 있어요. 이 대륙은 연 강수량 500mm 이하의 지역이 약 70%를 차지합니다. 대륙 서쪽에는 오스트레일리아의 3대 사막인 그레이트샌디 사막, 기브슨 사막, 그레이트빅토리아 사막이 분포하고 있어요.

사막과 동부 산지 사이에 있는 중앙 평원에는 낮은 언덕과 넓은 골짜기로 이루어진 준평원인 대찬정 분지가 있어요. 매우 건조한 이

그레이트디바이딩 산맥
'대분수 산맥'이라는 뜻의 그레이트디바이딩 산맥은 오스트레일리아 동해안을 따라 북에서 남으로 뻗어 있다. 길이는 약 3,500km이고, 너비는 약 150~450km에 달한다.

거대한 모래 바위 울루루
오스트레일리아 중부 사막 한가운데 있는 거대한 바위다. '그늘이 지난 장소'라는 뜻의 울루루는 원주민들에게 신성한 장소로 여겨진다. 높이가 348m이고, 둘레는 9.4km에 달해 세계에서 가장 큰 바위다.

곳에서는 관개용수를 개발해 세계적인 목양지를 이루고 있답니다.

대륙 동쪽에는 평균 고도 900m인 그레이트디바이딩 산맥이 있고, 북동부 해안 지역에는 세계에서 가장 큰 산호초 지대인 대보초가 있어요. 이곳은 길이가 2,000km이고 너비는 최대 2km에 달하며, 수천 개의 산호초로 이루어져 있지요. 1981년에는 세계 자연유산으로 지정되기도 했답니다.

해안 평야가 발달한 남동 해안은 사람들이 살기 좋은 기후라 많은 인구가 밀집해 있습니다. 이 지역을 중심으로 혼합 농업이 발달했고, 주변으로는 목축과 밀 농사가 발달했지요. 적도와 가까운 북부 지역은 열대 몬순 기후와 사바나 기후를 보입니다.

대보초

오스트레일리아 북동부 해안을 따라 발달한 대보초는 세계에서 가장 큰 산호초 지대다. 길이 2,000km, 너비 최대 2km에 달한다. 수천 개의 산호초로 이루어진 대보초는 1981년에 유네스코 세계 자연유산으로 지정되었다.

대보초 위성 사진
퀸즐랜드의 에얼리 해변 근처 대보초 지역의 위성 사진이다.

대보초 상공에서 본 대보초의 모습이다.

바다거북 대보초는 바다거북의 세계 최대 서식지다. 하지만 수온 상승과 지구 온난화 때문에 바다거북이 서식하는 데 위험 요소가 증가하고 있다.

말미잘과 물고기 물고기 한 마리가 말미잘 사이를 유유히 헤엄치고 있다.

산호초 산호충의 분비물이나 유해의 탄산칼슘이 퇴적되어 만들어진 암초를 산호초라고 한다.

낙원이 된 유배지

영국 사람들은 자국에서 멀리 떨어져 있는 이 섬이야말로 죄인을 가두는 데 최적의 장소라고 생각했어요. 일단 이 섬에 유배되면 도망칠 수 없고, 다른 사람을 해칠 수도 없기 때문이었지요. 그래서 수많은 죄인이 이 섬에 유배되었고, 대부분이 고향인 영국으로 돌아가지 못했어요.

아주 오랜 시간 동안 방치되었던 오스트레일리아는 죄인을 가두는 데 말고는 쓸모가 없는 땅 같아 보였습니다. 특히 중앙부는 건조한 사막 지대였지요. 그러나 그 사막 지대에서 금광이 발견되자 사람들은 위험 따위는 생각하지 않고 금을 찾아 뛰어들었어요. 수많은 젊은 영국 사람들이 금을 찾아 오스트레일리아로 떠났지요.

캘굴리 금광
캘굴리는 웨스턴 오스트레일리아 주에 있는 최대 금광 도시다. 오스트레일리아 금의 약 80%가 캘굴리에서 생산된다.

하지만 오스트레일리아의 금광에서 캐낸 금은 고생을 무릅쓸 만큼 질이 좋지 않았어요. 하지만 영국 사람들은 어떻게든 돈을 벌어서 고향으로 돌아가야 했기 때문에 포기할 수 없었습니다. 그래서 그들은 금을 캐는 것 외에 다른 방도를 생각해 보았어요.

영국 사람들은 초원이 펼쳐진 동남부 지역으로 이동했습니다. 풀이 많으면 양과 소를 키울 수 있지만, 당시 그곳에는 양이나 소가 한 마리도 없었어요. 그래서 그들은 영국으로 돌아가 양과 소를 데리고 왔답니다.

그런데 초원에 무성한 풀은 양과 소가 먹을 수 없는 풀이었어요. 영국 사람들은 또다시 실의에 빠졌지만 마음을 가다듬고 다시 영국으로 돌아갔습니다. 그들은 양과 소에게 먹일 풀의 종자를 가지고

젖소 목장
영국 사람들이 소와 양을 들여온 이후, 오스트레일리아는 낙농업이 크게 발달했다.

와서 오스트레일리아의 초원에 심었어요. 이번에는 성공이었습니다. 풀은 무럭무럭 자라났고, 오래지 않아 양과 소는 그들이 찾던 금광보다 훨씬 훌륭한 금광임이 증명되었어요.

목양과 목우, 토끼의 나라

영국 사람들은 세계에서 가장 품질이 좋은 양모를 생산해 세계 각국에 수출했어요. 오스트레일리아산 양모는 길고 부드러워 최상의 모직 제품을 만들 수 있답니다. 현재 오스트레일리아는 세계 양모의 약 1/3가량을 생산해요. 오스트레일리아에서는 우리나라 인구보다도 더 많은 약 1억 6,000만 마리의 양을 기르고 있지요.

그렇다면 오스트레일리아에는 왜 이렇게 양이 많을까요? 오스트레일리아 국토의 대부분은 반건조 지대로 사람이 살기에는 적합하지 않지만 양을 기르기에는 최적이라고 할 수 있어요. 게다가 오스트레일리아의 땅은 대부분 평탄해서 양을 방목하기에도 안성맞춤이지요. 그뿐만이 아니라 땅 밑에는 풍부한 지하수가 비축되어 있어요. 이러한 조건 때문에 세계 최대의 양모 생산지가 된 것이랍니다.

동부와 북부의 습윤한 지역에서는 목우 지대가 발달했어요. 1880년대에 냉동 시설이 갖추어진 배가 발명되면서 육류의 장거리 수송이 가능해졌습니다. 그러자 육우 사육이 활발해져 현재는 세계적인 육류 생산국이 되었지요. 우리나라에도 오스트레일리아산 소고기가 다량 수입되고 있어요.

토끼
한 영국 사람이 애완용 토끼 열두 마리를 오스트레일리아에 들여왔다. 이 토끼들이 풀밭에서 자유롭게 뛰놀며 새끼를 낳고 번식하기 시작했다.

　목양과 목우가 좋은 출발을 보인 지 얼마 지나지 않아서 놀라운 일이 벌어졌습니다. 한 영국 사람이 애완용 토끼 열두 마리를 오스트레일리아에 들여왔어요. 이 사람은 고향에서 주말마다 즐겼던 토끼 사냥을 이곳에서도 계속하고 싶어서 영국에 있는 조카에게 토끼를 보내 달라고 부탁한 것이지요. 이 토끼들은 풀밭에서 자유롭게 뛰놀며 새끼를 낳고 번식하기 시작했어요.

　토끼는 양이나 소와는 비교가 안 될 정도로 번식 속도가 빨라서 양의 수보다 토끼의 수가 많아지는 것은 그리 오랜 시간이 필요하지 않았어요. 토끼의 수는 기하급수적으로 늘어났고, 그에 비례해서 초원의 풀도 순식간에 바닥이 났습니다. 이렇게 되니 양에게 먹일 풀이 턱없이 부족했지요.

결국, 사람들은 토끼를 죽이기로 했어요. 수없이 많은 토끼를 독살하고 덫으로 잡아 죽였지만, 죽은 토끼의 수보다 새로 태어나는 토끼의 수가 더 많았습니다. 나라 전체에 철망으로 울타리를 치고 토끼를 가두기도 했지요. 그러나 용케도 울타리를 빠져나가는 토끼가 생기자 울타리를 이중으로 쳤어요.

아직도 오스트레일리아는 엄청난 숫자의 토끼를 죽이고 있다고 합니다. 토끼 고기를 통조림에 담아 영국에 대량으로 수출하고, 아기 포대기를 감싸는 용도로 토끼털을 수출하기도 하지요. 한 영국 사람의 사소한 행동으로 오스트레일리아의 자연과 인간이 모두 큰 피해를 입은 거예요.

어부지리로 수도가 된 캔버라

1901년 시드니와 멜버른 사이에서 격렬한 수도 쟁탈전이 벌어졌어요. 싸움은 결론이 나지 않은 채 길어졌고, 결국 타협안으로 두 도시의 한가운데에 수도를 만들기로 했지요. 그래서 캔버라에 수도를 건설하게 되었어요.

1927년에는 멜버른에 있던 수도 기능이 캔버라로 옮겨졌어요. 계획도시인 캔버라는 오스트레일리아 사람도, 영국 사람도 아닌 미국 건축가 월터 벌리 그리핀이 설계했지요. 주요 도로는 격자 형태가 아닌 바퀴와 바퀴살 모양으로 뻗어 있어요. 전원도시 운동의 영향을 받아 도시 내에 넓은 자연 초지를 조성해서 '숲이 우거진 수도'라는

시드니 오페라 하우스
오스트레일리아에서 가장 큰 도시인 시드니를 상징하는 건축물이다. 2007년에 유네스코 세계 문화유산으로 선정되었다.

별명을 얻었답니다.

오스트레일리아 주민은 대부분 남동부 해안에 거주해요. 오스트레일리아 최대의 도시는 시드니이고, 제2의 도시는 멜버른입니다. 두 도시에서 모두 올림픽이 개최되었고, 인구도 모두 300만 명을 훌쩍 넘지요. 이에 비해 수도인 캔버라의 인구는 30만 명이 조금 넘어요.

오스트레일리아에 최초로 살았던 종족은 어보리진이에요. 어보리진은 옷을 거의 입지 않고 대신 몸에 색칠했습니다. 조개껍데기로 피부를 문질러서 상처가 나게 한 다음 그 부위를 흙으로 비벼서 부어오르게 했어요. 이들은 피부에 상처가 많을수록 미인으로 여긴답니다. 어보리진은 나무를 초승달 모양으로 깎아 만든 부메랑을 사냥 도구로 썼어요. 이들은 백인 이주자에 의해 절멸의 위기에 처해 현재는 보호 구역에 거주하고 있지요.

오스트레일리아는 땅 밑에 있는 지하수를 어떻게 활용하고 있을까요?

오스트레일리아 대륙은 전체적으로 평탄합니다. 세계의 평균 해발 고도는 약 760m인데, 오스트레일리아는 330m도 안 되지요. 이러한 평탄한 지형은 크게 세 부분으로 나눌 수 있어요. 동쪽과 서쪽이 그나마 높고 가운데 부분은 커다란 분지 형태를 이루고 있습니다. 이 가운데 부분에서 우물을 파면 지하수가 솟구쳐 올라요. 이런 우물을 찬정이라고 합니다. 이곳은 건조한 기후여서 지하수가 생기기 어려워요. 하지만 이 지하수는 동부 산지에 내린 비가 지하로 스며들어 저지대인 이 지역에 모인 것이지요. 건조 기후 지역에서 인공 샘인 찬정을 개발하자 양과 소의 목축지가 크게 확대되었어요. 찬정의 물은 염도가 꽤 높은 편이어서 작물을 기르는 데 사용하기는 어렵고, 가축이 마시는 물로는 아주 적합하기 때문이지요. 이러한 찬정은 퀸즐랜드에만 약 500여 개가 집중되어 있고, 전체적으로는 약 9,000개 정도가 있다고 해요. 물론 지금도 계속 개발 중이라고 합니다.

찬정 분지의 관개용수

2 지구 최고의 낙원과 극지방 |
뉴질랜드, 태평양, 남극, 북극

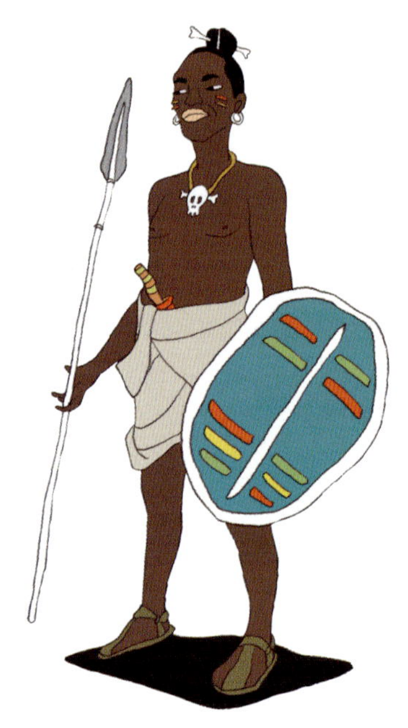

지구 반대편에 있으며 천혜의 자연환경을 뽐내는 아름다운 나라는 어디일까요? 성격이 다른 두 개의 큰 섬으로 이루어진 뉴질랜드는 지하자원은 부족하지만 농목업과 관광 산업이 발달했으며 사회 보장 제도가 잘 갖추어진 나라예요. 또한, 서안 해양성 기후의 영향으로 연중 온화한 기후를 나타내지요. 마젤란은 험난한 마젤란 해협을 통과한 후 잔잔한 바다가 펼쳐지자 '평온한 바다'라는 뜻의 '태평양'이라고 이름을 붙였어요. 태평양은 지구 표면의 1/3을 뒤덮고 있고, 세계 바다 면적의 약 46%를 차지합니다. 평균 수심은 약 4,280m지요. 태평양상에 있는 열대 섬들은 대부분 산호섬이고, 열대 기후가 아닌 지역에서도 산호초가 발달했어요.

- 뉴질랜드는 남극 대륙에서 떨어져 나와 생긴 남섬과 화산 활동으로 생긴 북섬으로 이루어져 있다.
- 태평양 연안에 있는 섬들 중에는 규모가 작아서 이름이 없는 섬도 많다. 여러 섬을 하나로 통합해 '제도'로 칭하기도 한다.
- 남극 바닷물이 겨울 강추위에도 잘 얼지 않은 이유는 염분을 지닌 바닷물은 보통 물보다 잘 얼지 않고 바닷물이 흐르고 있기 때문이다.
- 에스키모는 그린란드 북동부에서 시베리아 연안에 흩어져 살고 있다. 동물 가죽으로 옷을 만들어 입고 고기와 생선을 주식으로 삼는다.

세상에서 가장 건강한 나라, 뉴질랜드

드넓은 풀밭에서 유유히 풀을 뜯고 있는 양 떼, 푸른 초원을 수놓듯이 드리워진 수많은 목장, 따스하게 내리비치는 햇살, 은은한 물빛의 호수……. 아름답고 낭만적인 이런 풍경을 뉴질랜드에서는 흔하게 볼 수 있어요. 자연의 축복을 받은 뉴질랜드는 지구 최고의 낙원이라고 불릴 정도로 물과 공기가 깨끗하답니다.

　뉴질랜드의 학교에는 정수기가 없고 싱크대만 있어요. 화장실 물도 그냥 마셔도 될 정도로 깨끗하지요. 뉴질랜드의 화장실 물이 다른 나라의 정수기 물보다 오히려 더 깨끗할지도 모릅니다.

　뉴질랜드는 장화 모양의 이탈리아가 거꾸로 뒤집힌 것 같이 생긴 두 개의 섬으로 이루어져 있어요. 이 중 남섬은 남극 대륙에서 떨어져 나와 생겼고, 북섬은 화산 활동으로 생겼지요. 북섬에서는 현재도 화산 활동이 활발해 활화산과 칼데라가 많습니다. 이 때문에 화산과 온천 등을 이용한 관광 자원이 많지요. 또 북섬에는 풍부한 지

뉴질랜드 밀퍼드 사운드
뉴질랜드 남섬의 피오르랜드 국립 공원에 있는 피오르다. 높은 산의 빙하와 폭포, 깊은 협곡이 어우러져 장관을 이룬다.

열을 이용한 지열 발전소가 건설되어 있어요. 남섬에는 정상부에 만년설이 덮여 있는 남알프스 산맥이 있고, 해발 3,000m가 넘는 산에 빙하가 발달해 이를 이용한 관광 자원이 많답니다.

뉴질랜드에는 사람보다 많은 수의 양이 살고 있어요. 국민 1인당 15마리 정도의 양을 기르고 있지요. 그래서 세계에서 모직물을 가장 많이 수출하는 나라예요.

남쪽에는 산이 많아서 사람들 대부분은 수도인 웰링턴과 북섬의 오클랜드에 거주합니다. 원주민인 마오리 족은 오스트레일리아 원주민과는 달리 보호 구역에 거주하지 않고 활발하게 사회 활동을 하고 있어요. 높은 지능과 백인의 교육 덕에 현재는 사회에서 두각을 나타내는 사람도 배출되고 있지요. 과거에 식인종이었던 이들이 뉴질랜드 의회에 진출하는 경우도 있어요.

쿡 산

뉴질랜드 남섬에 있는 뉴질랜드 최고봉이다. 마오리 족은 쿡 산을 '구름을 꿰뚫는 자'라는 뜻으로 '아오랑기'라고 불렀다고 한다.

식인종이 살았던 섬들

식인종은 주로 태평양 연안에 흩어져 있는 작은 섬들에서 살았어요. 대서양에는 섬이 거의 없지만, 남태평양에는 수천 개가 넘는 섬이 있습니다. 태평양 연안의 섬들은 아주 작아서 지도상에서는 작은 점으로만 표시되거나 아예 찾아볼 수 없는 섬들도 많아요.

또한, 태평양 연안에는 배가 서지 않는 섬도 많습니다. 배가 서는 섬은 그나마 큰 섬에 속하지요. 배가 산호초에 부딪혀 난파되면서 무인도에 갇힌 사람들의 이야기를 그린 책들이 있어요. 『로빈슨 크루소』와 『보물섬』 등은 태평양 연안의 섬을 배경으로 하는 대표적인 소설이지요.

태평양 연안의 섬들은 너무 작아서 이름이 없는 경우도 많아요. 그래서 여러 섬을 하나로 묶어 제도로 칭하기도 하는데, 대표적인 것이 솔로몬 제도지요.

처음 이곳에 발을 디딘 항해가들은 솔로몬의 부를 얻게 해 달라는

보물섬(왼쪽), **로빈슨 크루소**
보물섬을 둘러싼 모험과 낭만을 그린 『보물섬』과 배가 난파되면서 무인도에 갇힌 사람들의 이야기를 그린 『로빈슨 크루소』는 태평양 연안의 섬을 배경으로 하고 있다.

뜻으로 솔로몬 제도라는 이름을 붙였어요. 이뿐만 아니라 제임스 쿡 선장의 이름을 딴 쿡 제도도 있고, 일부가 미국령인 사모아 제도와 피지 제도도 있답니다. 자, 이제는 더위도 식힐 겸 북극과 남극으로 가 볼까요?

닮은 듯 다른 북극과 남극

북극 지방은 북극해뿐 아니라 유라시아 대륙과 북아메리카 대륙의 북위 70° 내외와 그린란드, 아이슬란드 대부분을 포함하는 고위도 지역이에요. 남극 지방은 남극 대륙과 그 주위에 흩어져 있는 섬들을 포함한 지역이지요.

북극은 여름철에 태양이 24시간 동안 지평선 위에 떠 있어서 종일 해가 지지 않고, 겨울철에는 태양이 지평선 아래에 있어서 종일 해가 뜨지 않아요. 1909년 미국 탐험가 피어리가 이끄는 북극 원정대가 개 썰매를 이용해 북극점에 최초로 도달했지요.

북극은 바닷물이 얼어붙은 바다이고, 남극은 빙하로 된 대륙입니다. 남극에서 가장 추운 때는 8월경으로 평균 기온은 영하 70도 전후예요. 가장 따뜻한 때는 1월경으로 평균 기온은 영하 30도 전후지요. 1983년 7월에 해발 고도가 높은 러시아 보스토크 기지에서는 영하 89.2도라는 최저 기온 기록을 남겼어요.

그런데 남극의 한겨울에는 표면 근처만 얼어 있어요. 얼음 밑에는 수많은 물고기가 헤엄쳐 다니고 해조류가 무성하게 자라지요. 남극의 바닷물이 겨울의 강추위에도 모두 얼지 않는 데는 이유가 있어요. 염분을 지닌 바닷물은 보통 물보다 잘 얼지 않고, 바닷물은 흐르

지상의 마지막 낙원, 태평양의 섬들

태평양 연안의 섬들은 너무 작아서 이름이 없는 경우도 많아 여러 섬을 하나로 묶어 제도로 칭하기도 한다. 솔로몬 제도, 쿡 제도, 일부가 미국령인 사모아 제도와 피지 제도 등이 있다.

피지 제도 남태평양 최고의 휴양지 피지의 본섬 서쪽에 있는 마마누다 군도의 해변 모습이다

쿡 제도 아름다운 섬 15개가 모여 이루어진 쿡 제도는 영국 항해자 제임스 쿡의 이름에서 유래했다.

솔로몬 제도 크고 작은 화산섬으로 이루어진 솔로몬 제도는 솔로몬의 부를 얻고자 하는 항해가들이 이름 붙였다.

남극과 북극

빙하로 이루어진 대륙인 남극에 비해 바닷물이 얼어붙은 바다인 북극은 해수 온도가 쉽게 내려가지 않아 물이 잘 얼지 않는다. 그래서 북극의 기온이 남극보다 훨씬 더 높다.

남극
남극 대륙은 대부분 얼음으로 덮여 있고 연중 영하권이다.

남극 풍경 눈과 얼음으로 뒤덮인 남극 풍경을 보는 것만으로도 극한의 추위가 느껴진다.

녹은 빙하의 모습
지구 온난화 때문에 극지방의 빙하가 녹으면서 이곳에 사는 동물들의 생존이 위협당하고 있다.

로버트 피어리(1856~1920년)
1909년 4월 6일, 미국 탐험가 피어리는 개 썰매를 이용해 인류 최초로 북극점에 도달했다.

북극 곰은 주 서식지와 북반구 대륙이 가까워서 얼음을 타고 쉽게 북극으로 이동할 수 있었다.

고 있기 때문이지요.

남극 대륙을 뒤덮고 있는 얼음 덩어리를 '빙상'이라고 부르는데, 평균 두께가 2,160m나 됩니다. 더 놀라운 것은 내륙부에서의 최고 두께는 4,000m 정도 된다는 사실이지요. 이렇게 거대한 얼음으로 이루어진 남극 대륙은 얼음의 무게 때문에 바닷속에 잠겨 있어요.

우리는 지구의 바다를 오대양으로 구분해서 부르지만, 사실은 모두 하나로 연결되어 끊임없이 흐르고 있어요. 그래서 추운 남극이라고 해도 따뜻한 물이 흘러 들어와 수온이 극단적으로 내려가는 일은 없지요. 게다가 액체인 물은 기체인 공기보다 쉽게 차가워지지 않는답니다.

따라서 대륙인 남극에 비해 바다만 있는 북극은 해수 온도가 쉽게 내려가지 않아 잘 얼지 않아요. 그래서 북극이 남극보다 기온이 훨씬 더 높지요.

서로 만날 수 없는 북극곰과 펭귄

눈과 얼음이 덮여 있는 북극에도 사람들이 살고 있어요. 그린란드 북동부에서 시베리아 연안까지는 에스키모가 흩어져 살고 있지요. 북극에 사는 사람들은 대체로 동물 가죽으로 옷을 만들어 입고, 고기와 생선을 주식으로 합니다. 최근 에스키모는 백인의 생활 양식에 동화되어 현대식 건물에 살며 눈과 얼음 위를 달리는 설상차를 타고 다녀요. 에스키모가 수렵할 때 사용하는 얼음집인 이글루는 눈이나 얼음을 블록 모양으로 잘라 쌓아서 만듭니다.

북극에는 에스키모가 살지만, 남극은 영하 30도까지도 내려가기

이글루
에스키모가 수렵할 때 사용하는 얼음집이다. 벽돌 모양으로 자른 눈덩이나 얼음을 쌓아 만든다.

때문에 사실상 사람이 살 수 없어요. 전 세계에서 온 과학자들이 남극 연구를 목적으로 머무를 뿐이지요.

북극곰은 있지만 남극곰은 없고, 남극 펭귄은 있지만 북극 펭귄은 없어요. 그 이유는 무엇일까요? 우선 곰은 주 서식지와 북반구 대륙이 가까워서 얼음을 타고 쉽게 북극으로 이동할 수 있었어요. 이렇게 이동한 곰은 물범 등을 사냥하며 지낼 수 있었지요. 하지만 남극은 멀리 떨어져 있고 바다가 가로막고 있어서 이동하기 어려웠어요. 그래서 북극에서만 북극곰이 사는 것이랍니다. 원래 날아다녔던 펭귄은 남극에 천적이 없어지자 점점 날지 못하는 새로 진화했어요. 그래서 남극에서만 펭귄이 서식하는 것이지요.

최근 세계인들은 연료를 지나치게 사용하고 숲을 파괴해 지구의

표면 온도가 상승했어요. 이런 지구 온난화 때문에 극지방의 얼음이 녹아내리면서 기상 이변이 발생하고 해수면이 상승했지요. 남극에서는 빙하가 대규모로 녹아내리고 있어요. 최근에는 펭귄이 이상 기온 상승으로 더위 때문에 죽는 일이 벌어지기도 했답니다. 하지만 140년간 남극 기온은 상승과 하강을 반복하고 있는 것으로 조사되어 남극이 녹아내리는 직접적인 원인이 지구 온난화 때문인지는 입증하기 어렵다고 해요.

북극해의 얼음은 10년마다 4%씩 줄고 있어 2030년경에는 모두 녹아 없어질 것으로 예측하고 있습니다. 북극의 얼음이 녹으면 북극곰이 사라질 뿐 아니라 지구촌 전체의 생태계가 위협받게 돼요.

얼음집인 이글루는 어떻게 난방을 할까요?

이글루는 원래 얼음, 목재, 석재, 가죽 등으로 만든 다양한 집을 모두 뜻하는 말이었는데, 얼음집이 유명해지는 바람에 얼음집을 가리키는 말로 굳어져 버렸어요. 이글루를 만드는 과정은 단순합니다. 눈덩이나 얼음을 폭 50~60cm 길이의 벽돌 모양으로 잘라서 둥근 지붕 모양이 되게 쌓아 올려요. 눈 벽돌을 쌓아 집 모양이 완성되면 문을 닫고 램프를 켜거나 가벼운 난방을 해 온도를 높이지요. 실내 온도가 올라가면 눈 벽돌이 녹아내리는데, 천장이 둥근 원형이어서 녹은 눈은 바닥으로 떨어지지 않고 벽을 타고 흘러요. 잠시 뒤 난방을 끄고 문을 열어 외부의 찬 공기가 실내로 들어오게 하면 녹아내리던 눈이 순식간에 얼어붙어 눈 벽돌들을 강력하게 접착시키게 됩니다. 얼음벽은 찬 바깥 공기를 차단하는 아주 좋은 단열재가 돼요. 이렇게 완성된 이글루에 찬물을 뿌려 난방을 합니다. 물이 얼면서 많은 양의 열을 방출하는 원리를 이용하기 때문에 실내 온도가 상승하게 되는 것이지요. 영하 40도에 달하는 차가운 바깥 공기를 차단하기 때문에 바다표범 기름으로 만든 등잔이 하나뿐이어도 영상의 실내 온도를 유지할 수 있다고 합니다. 그래서 이글루 안에서는 겉옷을 벗고 지낼 수 있다고 해요.